阅读图文之美 / 优享健康生活

哺乳动物轻图鉴

含章新实用编辑部　编著

江苏凤凰科学技术出版社 · 南京

图书在版编目（CIP）数据

哺乳动物轻图鉴 / 含章新实用编辑部编著. — 南京:
江苏凤凰科学技术出版社, 2023.2
ISBN 978-7-5713-3247-1

Ⅰ. ①哺… Ⅱ. ①含… Ⅲ. ①哺乳动物纲－图集
Ⅳ. ①Q959.8-64

中国版本图书馆CIP数据核字(2022)第192426号

哺乳动物轻图鉴

编　　著	含章新实用编辑部
责任编辑	洪　勇
责任校对	仲　敏
责任监制	方　晨
出版发行	江苏凤凰科学技术出版社
出版社地址	南京市湖南路1号A楼，邮编：210009
出版社网址	http://www.pspress.cn
印　　刷	天津睿和印艺科技有限公司
开　　本	718 mm × 1 000 mm　1/16
印　　张	13
插　　页	1
字　　数	395 000
版　　次	2023年2月第1版
印　　次	2023年2月第1次印刷
标准书号	ISBN 978-7-5713-3247-1
定　　价	49.80元

前言

哺乳动物是动物界中分布最广的类群，有极强的适应能力，从热带到极地，从高山到平原，从雨林到荒漠，到处都有它们的身影，并且它们能根据不同的环境做出相应的身体调整。例如在荒漠环境中，骆驼和跳鼠为了适应干旱的气候，从而进化出有效保持水分的功能；极地环境中的北极熊、北极狐等则都有厚实的毛皮来保持身体热量；而高原上的雪豹、盘羊等为了能够在悬崖峭壁上生存，则进化出极强的跳跃能力。

早期哺乳动物是由爬行动物进化而来的，出现在地球的中生代三叠纪晚期。早期哺乳动物与爬行动物的重要区别在于牙齿的不同，爬行动物的每颗牙齿都是相同的，而哺乳动物的牙齿则因其在颌上的位置不同而分化成不同的形态。此外，爬行动物的牙齿不断在更新，而哺乳动物的牙齿除乳牙外不再更新。中生代时，哺乳动物在动物类群中所占的比重还很小，但到了中生代末期，地壳运动加剧，恐龙等爬行动物由于难以适应地球环境的改变而灭绝，哺乳动物则展现出很强的生存能力，开始占据更多生态位。进入新生代后，哺乳动物则取代恐龙成为陆地上占支配地位的动物，之后经过不断进化，演化出今天多样化的哺乳动物种群。

本书采用图文并茂的编写风格，选取了多种具有代表性的哺乳动物，对其进行详细介绍，包括科属、别名、孕期、社群习性、饮食特性、特征、分布等，还为每个动物配有多张高清彩图，从不同角度展现哺乳动物的特征，以方便读者辨认。

在本书的编写过程中，我们得到了一些专家的鼎力支持，也有很多哺乳动物爱好者对本书的编写提出了宝贵意见，在此表示感谢！由于编者水平和时间有限，书中难免存在不足之处，欢迎广大读者批评指正。

目录

第一章 草原哺乳动物

第二章 荒漠哺乳动物

第   三章 森林哺乳动物

第四章 高原和极地哺乳动物

第 五 章 水生哺乳动物

什么是哺乳动物

哺乳动物是指脊椎动物亚门哺乳纲中的一大类动物，它们属于用肺呼吸空气的温血脊椎动物，因其通过乳腺分泌的乳汁哺乳幼体而得名。哺乳动物是动物发展史上最高级的阶段，也是在日常生活中我们最为熟知的动物类群之一。很多家养的宠物都属于哺乳动物。人类也是哺乳动物，具备这一类动物所有的典型特征，其中猿和猴与人类有最近的亲缘关系。

共同特征

哺乳动物与其他动物的区别主要表现在以下5个方面：第一，哺乳动物大多身体被毛。即使是外表光滑的鲸科动物，其身体的某些部位也有少量毛发。毛发是它们的保护层，起到遮挡风雨和隔绝空气的作用，有时也可以防止蚊虫叮咬。第二，哺乳动物是温血动物。它们依靠身体内部产生的热量来维持恒定体温，体温一般保持在25~37℃，无论外界的环境温度怎么变化，哺乳动物都可以使身体维持相对恒定的体温，减少了身体对环境的依赖。第三，哺乳动物多数是胎生，除单孔类外。它们主要依靠腺体产生的乳汁哺育后代，这样的哺育方式保证了后代较高的成活率。第四，经过漫长时间的分化演变，哺乳动物的牙齿分化出门齿、犬齿和颊齿。牙齿的分化使它们可以利用口腔咀嚼，不仅有利于食物的消化，而且大大提高了它们身体对能量的摄取。第五，哺乳动物具有高度发达的神经系统和感官。这使得它们在日常活动中能够协调复杂的机体活动，适应多变的气候条件。

类群

虽然大多数哺乳动物以胎生的方式繁育后代，但仍然有少数哺乳动物采取其他的方式繁育后代。根据繁殖方式的不同，哺乳动物可以分为3个类群：第一类是单孔类和卵生的哺乳动物。雌性能够产卵，然后卵再孵化出幼体。这一类哺乳动物仅分布在大洋洲，主要包括针鼹和鸭嘴兽。第二类是有袋类，母体一般具有育儿袋。这一类哺乳动物虽然也采取胎生的方式繁育后代，但幼体在母体子宫内发育的时间很短，发育早期幼体就出生。刚出生的幼体极小，既看不见也听不见，且四肢发育不完善，没有毛发。幼体出生后便会进入母体的育儿袋进行二次发育，在育儿袋中依靠乳汁继续生长。第三类是胎盘类，这一类是哺乳动物的主体。幼体在母体子宫内通过胎盘吸收营养，发育到较高程度，出生时已经是一个健全的个体了。

特化的哺乳动物

哺乳动物中的大多数生活在陆地上，但也有一些生存在其他环境中。这些哺乳动物的身体形态和四肢结构为了适应特定的环境而发生相应的变化，比如鸟状哺乳动物和鱼状哺乳动物。鸟状哺乳动物为了适应飞翔生活，特化出主要用于飞行的翼，以及与鸟类似的外形，使身体呈现出流线形的轮廓，对于飞翔和平衡起到了决定性的作用。蝙蝠是鸟状哺乳动物中较为特别的一类。蝙蝠是唯一能真正飞翔的哺乳动物，它的前肢已经特化为翼状，长长的指骨之间有薄而富有弹性的翼膜，虽与其他鸟类的羽毛有所不同，但是却具有相同的作用。而鱼状哺乳动物如鲸、海豚等，为了适应水中的游泳生活，身体日趋向鱼类靠近，演化出流线形的体形。它们的前肢已经特化为鳍状肢，身体的后部也特化为鳍状尾。

哺乳动物的种类

哺乳动物隶属于动物界脊索动物门脊椎动物亚门哺乳纲。它种类繁多，分布广泛，现存 28 个目共 4000 多种动物。它有多种划分方式，根据生育方式的不同可划分为单孔目、有袋类、胎盘类，根据生活习性的不同可划分为草原哺乳动物、荒漠哺乳动物、森林哺乳动物、水生哺乳动物、高原和极地哺乳动物，还可综合外形、头骨、牙齿、附肢和生育方式等划分，将其分为原兽亚纲、后兽亚纲、真兽亚纲 3 个亚纲。

草原哺乳动物

在陆地上，草原占据了大概 1/4 的面积，经常与热带和亚热带的灌木丛和稀疏的大树相互融合，形成多样性的环境。开阔的生态环境使草原上的动物大多以聚居的方式生存，并且有很快的奔跑速度和坚韧的毅力，以保证能够获得食物和躲避危险。草原还是一些小型哺乳动物，如啮齿动物等地下生活者活动的场所。

荒漠哺乳动物

荒漠稀疏的植被和严苛的生存条件限制了生物的多样性，但是在这里依然有多种动物，这些动物大多具有极强的耐热抗暑能力以及各具特色的储存水分的方式，如食草动物从进食的草中获取水分，或者从岩石和植物表面凝结的露水中获取水分。为了减少水分的流失，荒漠中的哺乳动物排出的粪便通常都很干燥，尿液也是经过高度浓缩之后再排出。有“沙漠之舟”美称的骆驼在水草丰富的地方会大量进食，把吸收的水分和能量储存在驼峰内，之后的很多天都可以不进食。

为了抵抗炎热，荒漠中的大型哺乳动物一般会在夜间活动，从一个地点移动到另一个地点，并且边走边咀嚼食物。而一些小型哺乳动物则会白天躲在洞里休憩，清爽的早晨和黄昏是它们活动取食的时间。在荒漠中生存的哺乳动物需要具备长途跋涉的能力，因为一些大型哺乳动物对水

汽有非常灵敏的嗅觉，它们会根据降水的方位而进行迁移，从而带动其他动物一起迁移。

森林哺乳动物

森林为动物提供了丰富的食物和赖以生存的环境，使得这里有着极其丰富的哺乳动物类群。这些动物或在树间穿梭生活，或在地面生活。很多树栖的哺乳动物如猿、猴等，以其长长的尾巴和强健有力的四肢在树间生活，避免来自地面的危险。地面的腐叶和掉落的果实又为小型哺乳动物提供了食物。

森林中的哺乳动物的毛发通常呈现出深浅不一的颜色，与四周的环境相互协调，在遇到危险时有很好的伪装作用。甚至有一些猫科哺乳动物身上的斑点能与树枝之间斑驳的影子相互混杂。

水生哺乳动物

水生哺乳动物为了适应水中的生活，经过漫长的演变，已和最初的四肢爬行动物有了很大的不同。为了能够在水中快速滑行，大多数水生哺乳动物演化出有利于推动前进的尾鳍和控制方向的鳍状肢，以及光滑而流畅的流线形身体，很少有毛发，但也有例外。海豹为了能够维持陆地上的生活，仍保留着厚厚的毛发，但其四肢也进化成了鳍状。这些鳍状肢在水中活动时可以起到控制方向和保持平衡的作用，避免身体发生翻转。

为了减少热量散失，在水中保持恒温，这些水生的哺乳动物经过漫长的演化大都体形较大且有厚厚的脂肪，起到了很好的御寒作用，而耳郭等身体部位的缩短也减少了热量的散失。在水中生活的哺乳动物用肺呼吸，它们要定时到水面上呼吸新鲜的空气，以获得足够的氧气。

高原和极地哺乳动物

极地和高原地区因为气候寒冷，常年被冰雪覆盖，很多动物在这里很难生存下来，于是也形成了较低的竞争压力。生活在这里的哺乳动物为了适应严酷的环境和保持活动能力，经过演变发展已经进化出各种不同的功能。

在极地和高原寒冷的环境中，许多哺乳动物拥有厚重的毛发，这些厚重的毛发主要起到伪装、防水、防雪的作用，更重要的是起到保暖的作用。除了身体上的毛发，有一些哺乳动物甚至连脚掌上都有浓密的毛发。这使得它们在悬崖峭壁上捕捉食物时有良好的防滑能力。在极地和高原活动的哺乳动物还有一个重要特点，就是它们的毛发会随着季节的变化而进行规律性换毛，以便于实施伪装。甚至为了减少身体热量的散失，一些哺乳动物经过演化，身体变得短小，避免了体表大面积受寒。

哺乳动物的身体构造

皮肤系统

哺乳动物的皮肤紧密、结构完善，有良好的抗透水性和敏锐的感觉功能，可控制体温，起到保护身体的作用。其主要有以下两个特点：

第一，结构完善，哺乳动物的皮肤由表皮和真皮组成。表皮由角质层和生发层构成，且有许多衍生物，如各种腺体以及毛、角、爪、甲、蹄等；真皮由胶原纤维及弹性纤维的结缔组织构成，两种纤维交错排列，其间分布有各种结缔组织细胞、感觉器官、运动神经末梢及血管、淋巴等；真皮下发达的蜂窝组织可以贮藏脂肪，故又称皮下脂肪细胞层。

第二，衍生物多样，包括皮肤腺、毛、角、爪、甲、蹄等。皮肤腺根据结构和功能的不同，可分为乳腺、汗腺、皮脂腺、气味腺等。乳腺为哺乳动物所特有的腺体，能分泌含有丰富营养物质的乳汁，哺育幼仔；汗腺的主要功能是散热及排出部分代谢物；皮脂腺的分泌物含油，有润滑皮肤的作用；气味腺的主要功能是标记领域、传递信息、自卫防护。毛为表皮角化的产物，主要功能是绝热、保温，通常每年有一两次周期性换毛，一般夏毛短稀，绝热力差，冬毛长且密，有良好的保温性能。角是哺乳动物头部表皮及真皮特化的产物，可分为洞角、实角、叉角羚角、长颈鹿角、表皮角等。爪、甲和蹄都是皮肤的衍生物，是指（趾）端表皮角质层的变形物。

骨骼系统

哺乳动物的骨骼系统发达，主要由中轴骨骼

和附肢骨骼两大部分组成。中轴骨骼包括颅骨、脊柱、胸骨及肋骨；附肢骨骼包括肩带、腰带、前肢骨、后肢骨。这些骨骼具有支撑、保护和运动的功能，主要特点是：头骨有较大的特化，具有两个枕骨髁，下颌由单一齿骨构成，牙齿异型；脊柱分区明显，颈椎7枚，结构坚实而灵活；多数陆地哺乳动物四肢下移至腹面，将躯体撑起，以适应陆地的快速运动。

肌肉系统

哺乳动物肌肉系统的主要特征是四肢及躯干的肌肉具有高度可塑性，为适应不同的运动方式，出现了不同的肌肉模式。

消化系统

哺乳动物的消化系统包括消化管和消化腺，主要特点是：消化管分化程度较高，出现了口腔消化，且消化腺发达。消化管包括口腔、咽、食道、胃、小肠、大肠、肛门等；消化腺除3对唾液腺外，在横膈后面和小肠附近还有肝脏和胰脏，可分别分泌胆汁和胰液，肝脏除分泌胆汁外，还可贮存糖原、调节血糖，使多余的氨基酸脱氧，形成尿液及其他化合物，并将某些有毒物质转变为无毒物质，合成血浆蛋白质。

排泄系统

哺乳动物的排泄系统完善，包括肾脏、输尿管、膀胱和尿道，此外，皮肤也是哺乳动物特有的排泄器官。排泄系统的主要功能：将细胞代谢的废物排出体外，以及保持细胞生存所依赖的内环境相对稳定。

呼吸系统

哺乳动物的呼吸系统十分发达，空气经外鼻孔、鼻腔、喉、气管进入肺，呼吸系统主要包括鼻腔、喉、气管、肺和胸腔。

循环系统

哺乳动物的循环系统包括血液、心脏、血管及淋巴系统，使身体能够维持快速循环，以保证有足够的氧气和养料来保持身体体温的恒定。哺乳动物的血液与其他脊椎动物不同：红细胞无核，呈两凹扁圆盘状，在哺乳动物中仅骆驼科和长颈鹿科动物的红细胞呈椭圆形；红细胞体积与其他脊椎动物相比要小；红细胞的数量较其他脊椎动物多。这些特征增加了红细胞的表面积，并提高了其与氧气的结合能力。哺乳动物的心脏位于胸腔中部偏左的心包腔内，腔内有少量液体，可减少心脏搏动时的摩擦。血管包括动脉、静脉和毛细血管。淋巴系统也十分发达，这可能与动脉、静脉内血管压力较大以及组织液难以直接经静脉回心有关。

神经系统

哺乳动物具有高度发达的神经系统，其大脑和小脑体积增大，并发展了新脑皮，脑表面形成了复杂的皱褶（沟和回），形成高级神经活动中枢。哺乳动物的大脑皮层空前发达，故智力高于其他非哺乳动物。

感官系统

哺乳动物的感官系统高度发达，它们靠发达的感官系统发现食物、躲避敌害及寻找合适的栖息环境，同时其感官系统也是种群间进行通信联系和一系列行为反应的器官。

哺乳动物的繁殖

哺乳动物采取有性繁殖的方式繁育后代，由雌性的卵细胞和雄性的精细胞结合，形成受精卵，进而发展成胚胎。

求偶和交配

动物求偶，通常会发出一些求偶信号，可以是声音、气味，也可以通过视觉感受。雄性往往通过声音吸引雌性，而雌性则会以散发气味的方式来告知雄性自己的生殖状态。当雄性的数量多于雌性时，雄性往往采取争斗的方式争夺交配权，通常最强壮的个体会取得胜利，这样保证了后代的健康，并有利于种群的延续。

哺乳动物的受精过程是在体内进行的，雄性的精子进入雌性的体内与卵细胞结合，形成受精卵。大多数的哺乳动物会在每年固定的季节集合在一起进行繁殖。如海豹就是这样集合在一起繁殖的，幼体一般是在食物充足的春季或夏季出生。

卵生和胎生

哺乳动物的繁殖方式主要包括卵生和胎生两种。

卵生的哺乳动物，主要是指单孔类。这一类动物的幼体在卵内发育，经过长时间的孵化，幼体破壳而出，再吮吸母体的乳汁长大。单孔类哺乳动物不多，仅有 5 个物种，主要包括鸭嘴兽和针鼹，分布在东南亚和澳大利亚一带。鸭嘴兽的繁育方式比较独特，它的乳汁是从乳腺渗透到腹部，供其幼体舔食。

胎生的哺乳动物，包括有袋类和胎盘类。有袋类的哺乳动物有 200 多种，雌性哺乳动物都有一个育儿袋。幼体在子宫内发育约 1 个月后出生，然后进入母体的育儿袋进行二次发育，大约到 6 个月时出袋，如袋鼠。刚出生的幼体很小，没有听觉和视觉，只能依靠母亲的保护生存。

胎盘类的哺乳动物占哺乳动物的很大一部分。其幼体在母体的子宫内发育，母体通过胎盘将血液中的氧气和营养物质传递给幼体，并排出废物，以保证幼体的发育。像出生在开阔地带的幼体羚羊，一般刚出生几分钟就可以行走和奔跑，而出生在巢穴中的幼体则多数发育不完全。水下出生的哺乳动物幼体与陆地上出生的幼体先露头部不同，它们是尾部先出来，出生后，幼体需要立刻到水面呼吸新鲜的空气。

照料

哺乳动物繁殖的一个特点就是双亲照料的时间比较长，一般幼体在出生后靠母体的乳汁维持生存，并受到父母的保护，直到能够独立生活。双亲照料的时间不等，一些大型哺乳动物如大象、猿，双亲照料时间可达 10 年，甚至更长。在双亲照料期间，幼体可以通过很长时间的学习期，观察、学习获得食物的行为、方法，为以后生存做准备。

哺乳动物的生活习性

捕食

温血的哺乳动物比冷血动物需要更多的食物来维持其恒定体温，其食物范围广泛，从肉类、菌类、植物，到血液、粪便等，无所不包。根据食物类型的不同，哺乳动物可分为肉食性、植食性以及杂食性。

肉食性哺乳动物以肉和鱼虾等为食，如食肉目中的大多数动物，包括猫科（如猫）、犬科（如狗、狼和狐狸等）、鼬科（如水獭）等，以及所有的水生哺乳动物，如海豹、海狮、鲸鱼和海豚等。在这些肉食性哺乳动物中，有一些具有很独特的进食习惯。其中熊和大熊猫虽然属于肉食性动物，但是它们只吃很少的肉类；食虫目动物也是主要以肉食为主的动物，如鼹鼠；而蝙蝠中的吸血蝠依靠吸食猎物的血液获取营养。

植食性哺乳动物以植物为食，由于植物性食物的营养和能量较低，因此，植食性哺乳动物为了保持体能，需要花费更多时间进食。植食性哺乳动物具有发达的臼齿，能够充分咬碎进食的食物，对于有毒和有刺的植物，它们有很好的自我防御能力。在这些植食性哺乳动物中，一些体形较大的动物如大象，虽然要吃很多食物，但是因其消化能力不强，所以很大一部分食物不能被消化。

在哺乳动物中，杂食性哺乳动物占有很大的比例，其取食范围广泛，从植物到动物都有。最大的杂食性哺乳动物是熊类，尽管它们看起来极其笨重，但是却可以灵活地爬上树和钻入灌木丛采食果实。在熊类中，只有北极熊是基本上全以肉类为食的。除此之外，灵长类动物也是杂食性动物。

感官和通信

哺乳动物利用自己的感官发现路径、寻找食物、判断危险、进行交流等。它们的通信方式有吼叫、气味标记等，这些行为可以加强伙伴之间的关系、寻找配偶、警告入侵者、争夺统治地位等。

哺乳动物有视觉、听觉、味觉、触觉和味觉5种感觉，其感觉器官的发育受环境影响很大，如蝙蝠在夜间活动，它们大多视力较差，而斑马和羚羊生活在视野开阔的草原，它们的视觉则异常敏锐。生活在森林中的猴类，由于茂密的树林遮挡了视线，它们主要依靠声音进行交流。每到拂晓时分，便可听见各种吼叫声，它们通过这些吼叫声和其他成员交流，互相告知位置和有没有危险，并发出警告。

活动

哺乳动物一般利用四肢行走，但也有一些例外，如袋鼠主要用双足行走，蝙蝠、鼹鼠、长臂猿等主要用它们的前足活动，而鲸鱼和海豚则不能行走。

哺乳动物的运动速度与其肢体的长度和身体的长度比例有关，一般如马、鹿等腿较长的动物奔跑速度较快，而如鼹鼠等则行动速度较慢。许多有袋类的动物则利用足在后肢中所占的大比重进行跳跃运动，如袋鼠。还有一些哺乳动物可以在空中滑翔，但真正能在空中飞行的哺乳动物只有蝙蝠。水生哺乳动物依靠进化出的鳍状肢和尾鳍在水中遨游。

群体

根据生活方式的不同，哺乳动物可分为独居和群居。植食性哺乳动物比肉食性哺乳动物的社会性要明显，社会群体的构成随环境、季节、繁殖周期、生活周期和食物的可利用性等的变化而变化，但多数哺乳动物会在幼年时期与同类个体生活一段时间。

肉食性哺乳动物更倾向于独居，这样可以减少区域内的同类对食物资源的竞争，如猎豹、老虎、灵猫和獴等。

植食性哺乳动物一般倾向于群居。有些哺乳动物则以家族的形式生活，一个群体中一般包括雌性、雄性配偶及其后代，如狮子、狼、大猩猩等；一些有蹄类动物往往是一群或多个群组成很大的群，如斑马、瞪羚等；还有一些灵长类动物，会形成一雄一雌的配对关系，这种关系可以维持一年或几年的时间，一些长臂猿甚至可以相伴终生，这样可以减少在繁殖交配季节由争夺交配权而带来的风险。

人类与哺乳动物

人类对哺乳动物的驯化与引入

人类与哺乳动物的关系史就是人类征服自然的历史，从开始的惧怕到后来的驯养，人类逐渐学会了利用自然。

人类驯养动物使其变得温顺，攻击性降低，从而与人类和谐相处。最先被驯化的动物可能是狗，它是大约 1 万年前由狼驯化而来的。还有一些与人类关系密切的哺乳动物，如马、牛、羊、猪等都有很长的驯化历史。此外，有一些哺乳动物曾经被驯化过，但后来又逃脱人类的控制，成了野化的哺乳动物。这些野化的哺乳动物如单峰驼，它们被探险者带入澳大利亚，但是后来由于种种原因，如今已经成了澳大利亚的野生动物。

人类引入外来物种的活动，对于本地哺乳动物来说，极有可能也是一种伤害。如澳大利亚新引入的动物与本地的有袋类动物形成竞争，不仅对土著的哺乳动物造成生存危害，而且还可能对本地的生态环境造成极大的破坏。这种引入活动包括重新引入，重新引入就是把一个物种引入它的原生地。这种重新引入的物种面对一个新的环境，可能要面临严峻的生存压力，因为其原先的生存环境已被其他的物种所取代。

人类与哺乳动物的现状

现在，许多哺乳动物都面临着灭绝的威胁。据权威数据显示，有近 1/4 的哺乳动物的生存环境受到威胁，有约 180 种处于极度濒危的状态，尤其是一些体形较大的动物，如大型猫科动物、鲸类等，它们比小型动物更容易受到环境的影响，这些都与人类的活动有着密不可分的关系。

第一，人口膨胀对动物栖息地的破坏。由于

人口膨胀，人类为了生存，需要从自然界中获取更多的资源，因此森林砍伐之后，土地被用来种植庄稼、养殖牲畜、建造房屋和道路等。这样就带来了土地侵蚀、物种替换的恶果，使原本在森林中生存的动物无处安家，尤其是一些树栖类动物，如松鼠、猴子等。

第二，环境污染对动物的影响。主要包括河流的化学污染和油类泄漏，导致动物的食物受到污染，动物食用这些被污染过的食物会造成低度中毒。

第三，滥捕、滥杀导致动物数量大幅减少。虽然从 20 世纪 80 年代起，许多国家都制定了野生动物保护法，禁止猎杀濒临灭绝的野生动物，但是仍然有一些不法组织为了牟取利益而猎杀动物。没有被列入保护范围的那些物种，如今已有很多濒危。尤其是鲸类，它们繁殖的速度很慢，要恢复到原有的生态水平需要几十年的时间。

人类如何保护哺乳动物

随着全球气候变暖和生态环境变化，许多哺乳动物都面临着灭绝的威胁，为了保持地球物种的多样性，人类应该采取措施保护哺乳动物。

第一，保护生态环境，为野生动物的生存提供各种所需资源。建立国家公园和自然保护区是保护野生动物的最有效措施，但为了保障一些大型猫科动物和有蹄类动物的生存，保护区的面积要足够大，使它们能够建立自己的领地，并在此生殖繁衍。

第二，进行圈养繁殖。当一些动物面临严重困境时，可以采取圈养的方式避免物种的灭绝，并通过交换个体来优化种群的基因，保持一个健康种群的遗传多样性，之后再把圈养繁殖的个体放归自然。如金狮面狨在 20 世纪 80 年代得到很好的繁殖之后，已经被重新引入巴西。

第三，对野生动物进行数据监测，以便能够及时掌握动物的生存状况。许多科学家、从事野生动物保护的工作者和志愿者等，通过监测动物的血样和肠道分泌物以及记录其迁徙路线等，来获取广泛的信息，以便能够更好地保护动物。如对活动范围较大的哺乳动物还可以实行卫星追踪，通过卫星发射的信号进行全球追踪，以便实施更好的保护措施。

第一章

草原哺乳动物

草原占地球陆地面积的 1/4，
广阔的草原维持了许多哺乳动物的生存。
这些动物具有一些共同特征：
第一，集体行动。因草原视野开阔，
草原哺乳动物为了自我保护而集成大群。
第二，奔跑速度快。因为草原植被低矮，
只有速度快，才是制胜的法宝。

长颈鹿

又称麒麟、麒麟鹿、长脖鹿
偶蹄目、长颈鹿科、长颈鹿属

长颈鹿是现存最高的陆生动物。由于它们的身高极高，为了使心脏能把血液输送到大脑中去，它们需要比普通动物更高的血压，又由于它们的颈部很长，为了避免血压过高，其耳朵后方进化出特有的瓣膜，当它们低头时，瓣膜便会调节血压。此外，它们的长颈和长腿还有利于热量散发，能起到很好的降温作用。由于腿部过长，它们只能叉开前腿或跪在地上饮水，这时极易受到捕食者的袭击，因此，长颈鹿通常不会一起喝水。

分布区域： 分布于非洲的埃塞俄比亚、苏丹、肯尼亚、坦桑尼亚和赞比亚等地。

栖息环境： 栖息在热带、亚热带的稀树草原、灌丛以及树木稀少的半沙漠地带。

生活习性： 长颈鹿为群居动物，有时和斑马、鸵鸟、羚羊混群。生性温和、机警，平时走路时比较悠闲。眼睛较大，眼珠突出，可以四周旋转，所以视野开阔，可以看到远处的景色。身高腿长，奔跑的姿态特别，会先前伸头颈，然后又缩回，交替摆动，奔跑速度很快。但长颈鹿的心脏较小，不能长距离奔跑。睡眠时间很少，一般每天晚上只睡 2 小时。

饮食特性： 晨昏的时候觅食，以树叶及小树枝等为食，一天可以摄入 60~70 千克的树叶和嫩枝。非常耐渴，树叶水分充足的话可以一年不喝水。

头顶有骨质短角，角外包覆着皮肤和绒毛
头部具有坚硬的角状头盖骨
全身被毛疏短，浅黄底色，其上布满形状、大小不同的黑褐色花斑

眼睛大，且突出，位于头顶上，适宜远望

耳朵大，呈竖立状
躯干较短，从肩到臀向下倾斜
吻部较尖

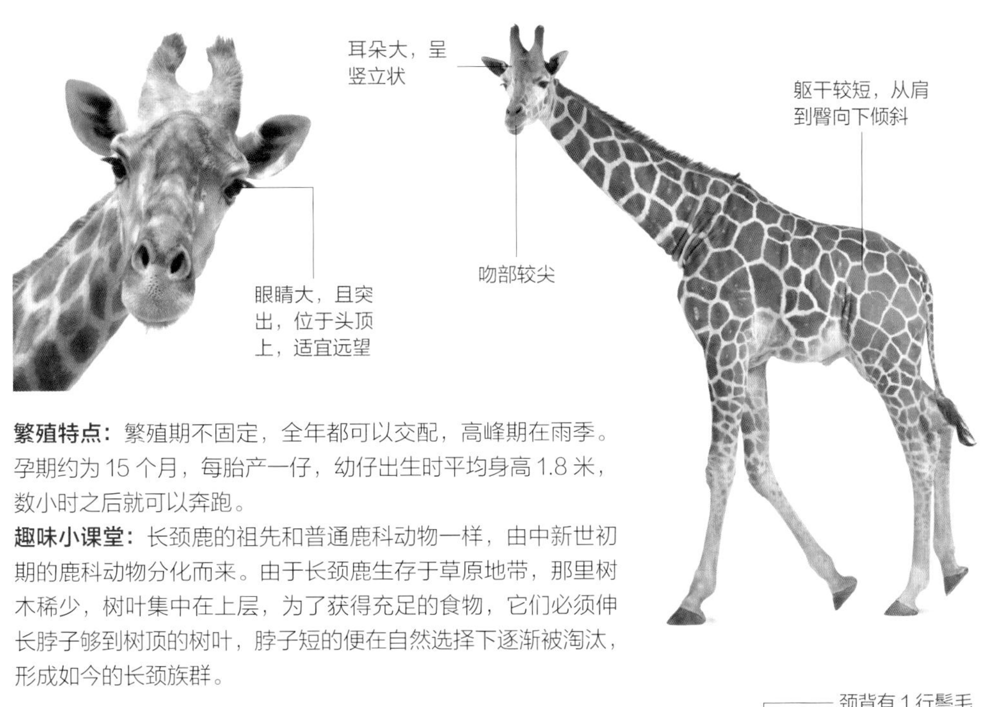

繁殖特点：繁殖期不固定，全年都可以交配，高峰期在雨季。孕期约为 15 个月，每胎产一仔，幼仔出生时平均身高 1.8 米，数小时之后就可以奔跑。

趣味小课堂：长颈鹿的祖先和普通鹿科动物一样，由中新世初期的鹿科动物分化而来。由于长颈鹿生存于草原地带，那里树木稀少，树叶集中在上层，为了获得充足的食物，它们必须伸长脖子够到树顶的树叶，脖子短的便在自然选择下逐渐被淘汰，形成如今的长颈族群。

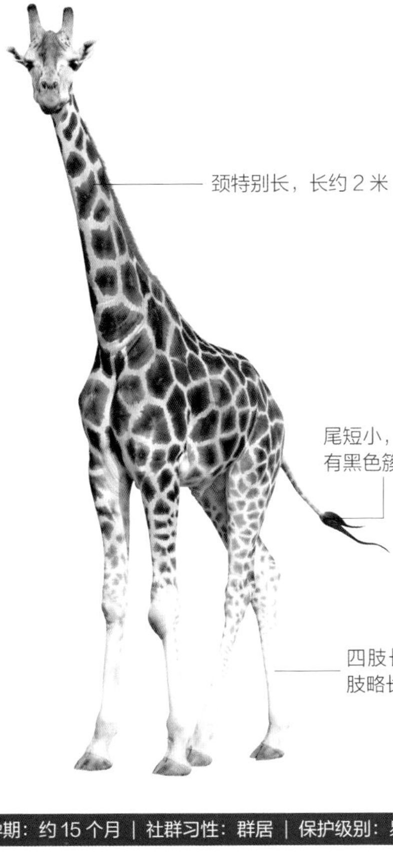

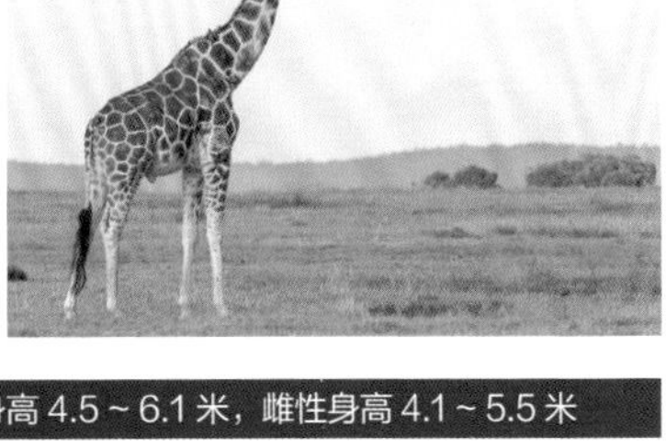

颈特别长，长约 2 米
尾短小，尾端有黑色簇毛
四肢长，且强健，前肢略长于后肢，蹄大

颈背有 1 行鬃毛

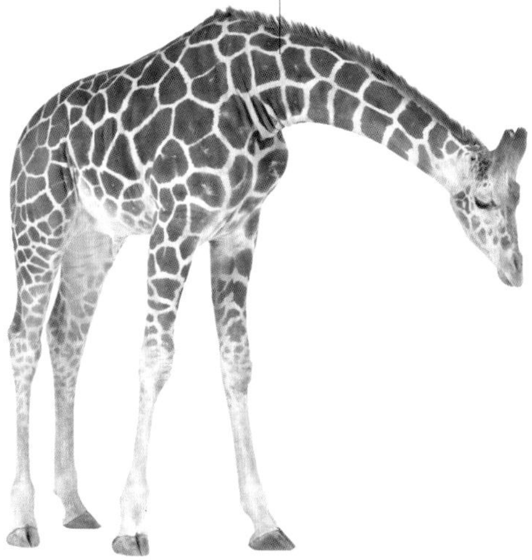

孕期：约 15 个月 | 社群习性：群居 | 保护级别：易危 | 体形大小：雄性身高 4.5 ~ 6.1 米，雌性身高 4.1 ~ 5.5 米

美洲野牛

又称北美野牛、美洲水牛、犎牛
偶蹄目、牛科、野牛属

美洲野牛是一种体形巨大、性情凶悍的食草动物，属于大型哺乳动物。肩膀犹如高耸的驼峰，头部巨大，有宽阔的前额，脖子短粗，前半身健硕巨大。雌、雄野牛均有短而弯的角，肩部长满了长而蓬松的粗毛，冬天毛色是深咖啡色，夏季呈浅色，春天时身体后部及下部的毛会脱落。雌性个头和驼峰比雄性小，牛角纤细，颈部略瘦。

头上长有一对向上弯曲且锋利的双角，即使面对最富攻击性的猎食者也不会退缩

肩部长满了长而蓬松的粗毛，沿头部、颈部、肩部和前肢覆盖身体
身体的前半部巨大，肩膀犹如高耸的驼峰
头部体积大，有宽阔的前额
脖子短粗，健壮
毛发呈栗褐色

分布区域： 原产于加拿大、美国及墨西哥的部分地区。如今在墨西哥等地已区域性灭绝。

栖息环境： 栖息在草原上，结成大群，冬季向南方迁移，春季向北方迁徙，寻找食物更丰盛的地方。

生活习性： 美洲野牛为群居动物，喜欢土浴。种群内的公牛会形成小群体，以保卫种群内的母牛，驱散有威胁的其他公牛。大群美洲野牛在格雷特大平原上游荡，冬季向南迁徙，夏季回到北方，沿着“野牛踪迹”的传统路线行进。

饮食特性： 主要以草为食，冬季会挖开厚厚的积雪来寻找埋藏在下面的植物。

繁殖特点： 交配季节为6—9月，高峰期为7—8月。母牛的怀孕期为270~285天，每胎仅产一仔。幼仔出生在第二年的春天，3小时后就可以行走，小牛由其母亲照顾约1年。

趣味小课堂： 在交配季节，公牛为了争夺与母牛的交配权经常发生争斗，会大声朝对方吼叫，在尘土中翻滚，并摆动头部，拉开架式，试图吓退对方。这时，通常会有一方先让步，否则它们就会打起来，先是撞击头部，再相互僵持、绕圈，然后找准时机，突然转身冲向对方，以牛角为武器试图刺伤对方，胜利者就可与母牛交配。

孕期：270~285天 | 社群习性：群居 | 保护级别：近危 | 体形大小：体长2.1~3.5米，肩高1.5~2.0米

野马

又称普氏野马、蒙古野马、亚洲野马
奇蹄目、马科、马属

野马为国家一级保护动物，身体强健、性情暴躁，拥有敏锐的视觉和听觉，体形健硕，头部大而短，脖颈短而粗，口鼻部尖削，嘴钝，牙齿粗大，耳短而尖，口鼻有斑点。无额毛，背部平坦，有明显深色背线，顺脊柱延伸至尾部；四肢短粗，有黑色横纹，蹄小，尾基部生短毛，尾形呈束状。

躯体不大，体形酷似家马，比野驴略大

颈鬃短而直立，呈棕褐色，不垂于颈的两侧

尾巴很长，毛深褐色

蹄子小而圆

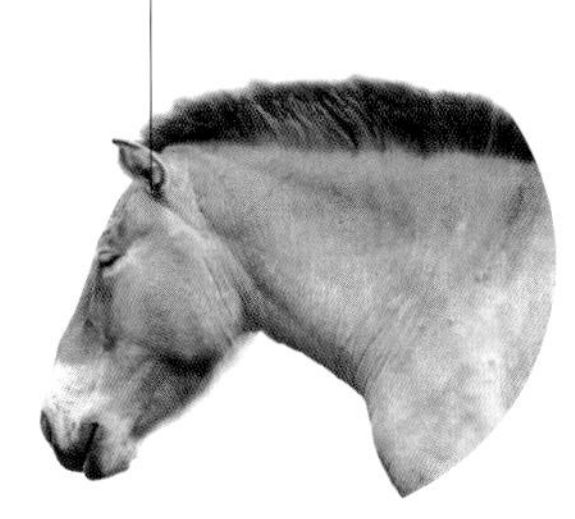

头很大，没有额毛，耳朵短而圆

分布区域：分布于中国西北地区，以及中亚等地区。

栖息环境：栖息在山地草原、荒漠及水草条件略好的沙漠、戈壁。一般成群生活在草原等地，它们凭着自己与灰褐色泥土相似的保护色逃避敌害。

生活习性：野马为群居动物，通常数十只结成群，生性机警，善奔跑。夏季是野马的觅食季节，马群由一头雄马率领在草原上活动。如果遇上狼群，它们也不会畏惧，而会镇定地迎击狼群。因此，狼也不敢轻易侵犯它们。冬天是野马的迁徙季节，在迁徙的路上，它们通常以雪解渴，以雪下的枯草及其他植物来充饥。

饮食特性：以野草、苔藓、芦苇等植物为食，饮水量较大，冬天也能刨开积雪觅食枯草。

繁殖特点：一年四季都可以发情，春夏季为主。雌兽的发情持续5~7天，发情的时候精神兴奋、食欲减退、烦躁不安。孕期为307~348天，幼仔刚出生的时候为浅土黄色，2小时之后就可以吃奶。

趣味小课堂：野马的叫声种类很多，争斗开始的时候，吼叫声尖锐而单一；失群的时候，声音洪亮而高亢；感到某种满足的时候，声音轻微；生气的时候，声音则尖而细。更多的时候会打响鼻，表达的感受比较复杂，通常为恐吓对方，有的时候也是因为鼻腔里有异物。

孕期：307~348天 | 社群习性：群居 | 保护级别：濒危 | 体形大小：体长2.2~2.8米，肩高1.3~1.5米

汤氏瞪羚

又称汤普森瞪羚
偶蹄目、牛科、瞪羚属

汤氏瞪羚因眼睛很大，眼球外凸，总是像在瞪着眼睛一样，故而得名。汤氏瞪羚身材娇小，是非常敏捷的动物。胆小的性格、敏捷的身手，使“逃跑”成为它逃生的主要方法，一旦发现危险，它便会急速奔跑。

身材娇小，善跑好斗

雄性的角又长又弯

毛色为棕色和白色

身体两侧有一条黑线

腿部内侧为白色

分布区域：主要分布于非洲的坦桑尼亚、肯尼亚、乌干达等地。

栖息环境：主要栖息于炎热干燥的稀树草原和开阔草地。

生活习性：汤氏瞪羚生性胆小、警惕性高，稍有动静便会逃跑。汤氏瞪羚营群居生活，羚群的组织结构十分灵活，群与群之间经常出现叠加和混合的现象。它们还经常与牛羚一起组成世界上最大的食草动物群，两种动物一起迁徙，寻找水草丰美的草场。汤氏瞪羚奔跑速度非常快，时速可达 90 千米，虽然没有它们的天敌猎豹跑得快，但它们能急速转弯，耐力也十分了得，因此常常让猎豹望尘莫及。

饮食特性：汤氏瞪羚多以草和灌木的叶子为食，也经常刨食植物的鳞茎、球茎和肉质根。每两天需要饮水一次，在干旱季节，它们有时一天需要跋涉近 20 千米以寻找水源。

繁殖特点：全年可繁殖，高峰期在雨季以后，孕期约 188 天，每胎产仔 1 头，幼仔出生后不久就可站立行走，哺乳期可以持续 3~4 个月。

趣味小课堂：雄性汤氏瞪羚常以排泄物和眶前腺分泌物标记领地，并吸引雌性的注意力。雄性汤氏瞪羚常因领地和交配权发生冲突，此时，它们就会以长角为武器来打斗，败者往往会失去生命。

孕期：约 188 天 | 社群习性：群居 | 保护级别：无危 | 体形大小：体长 115~135 厘米，肩高 80~120 厘米

斑马 奇蹄目、马科、马属

斑马身上的黑白条纹是它们的显著特征，也是同类识别的主要标记之一。这些黑白条纹早在母马的妊娠早期就已形成。由于胚胎的各部位发育不同，斑马出生后，各部位的条纹也不同，有的较宽，有的较窄。这些黑白条纹是斑马进化形成的适应环境的保护色，可以起到防卫的作用。因为狮、豹等捕食者只能辨别黑白两色，如果斑马聚集在一起，捕食者将无法辨别具体目标，因此可以起到保护的作用。

除腹部外，
全身密布较
宽的黑条纹

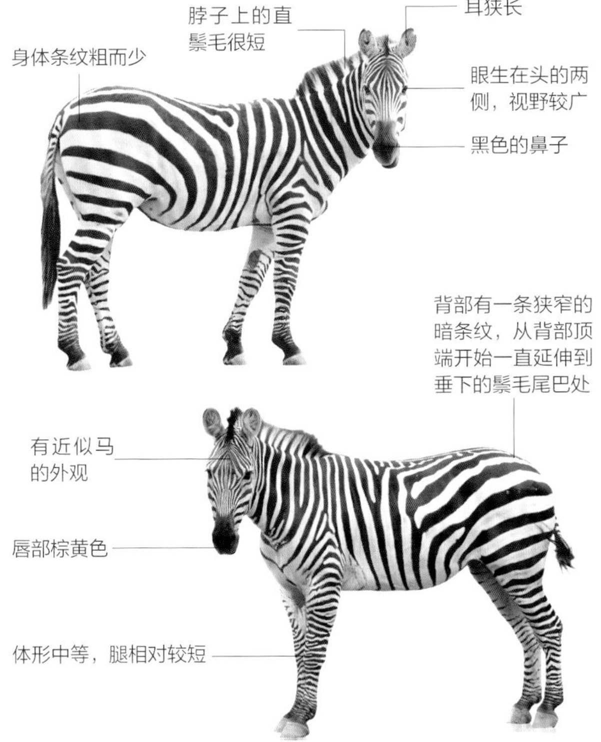
脖子上的直
鬃毛很短
耳狭长
身体条纹粗而少
眼生在头的两
侧，视野较广
黑色的鼻子
背部有一条狭窄的
暗条纹，从背部顶
端开始一直延伸到
垂下的鬃毛尾巴处
有近似马
的外观
唇部棕黄色
体形中等，腿相对较短

分布区域： 分布于非洲东部、中部和南部。

栖息环境： 栖息在水草丰盛的热带草原。

生活习性： 斑马为群居动物，有很强的社会性，会一起觅食，甚至彼此之间还会梳理皮毛。成年雄兽一般独居，所占领地约为 10 平方千米，用粪便作为领地标记。只有在雨季，雌兽才会来到雄兽身边，交配之后，雌兽又会回到群体。斑马视力很好，可以看见远处的东西；听力也很敏锐，进食的时候都会竖起耳朵，预防猛兽袭击。它们奔跑的速度较快，时速可以达到 60~80 千米。

饮食特性： 主要以草、灌木以及树木的嫩叶、树枝或树皮为食。

繁殖特点： 繁殖期，斑马十分紧张和活跃，雄性之间会进行斗争，获胜的雄性可以和雌性交配。雌兽每 3 年繁殖一次，每胎生一仔，哺乳期约为 6 个月，幼仔出生不久之后就可以站立和行走。

趣味小课堂： 斑马是由 400 万年前的原马进化而来的，最早出现的斑马可能是细纹斑马。不同种类斑马的分布区域可能会重叠，但它们通常不会杂交。

孕期： 11~13 个月 | **社群习性：** 群居 | **保护级别：** 无危 | **体形大小：** 体长 200~240 厘米，肩高 120~140 厘米

角马

又称牛羚

偶蹄目、牛科、角马属

角马属于羚羊的一种，身材高大，生活在非洲草原。它们的头部似牛，面部似马，须发似羊，斑纹似羚羊，似乎是由几种动物“拼凑”而成。角马头粗肩宽，后部纤细，颈部有黑色鬣毛，全身有长毛，光滑并有短斑纹，颜色因亚种、性别和季节的不同而不同，全身从蓝灰到暗褐色，面部、尾巴、胡须和斑纹呈黑色。

颈部有黑色鬣毛

脸部呈黑色

全身从蓝灰到暗褐色，长有长长的毛，光滑并有斑纹

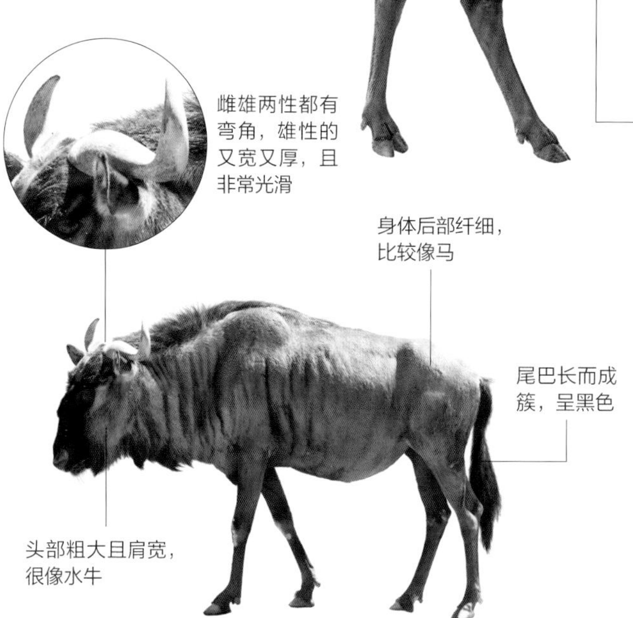
雌雄两性都有弯角，雄性的又宽又厚，且非常光滑
身体后部纤细，比较像马
尾巴长而成簇，呈黑色
头部粗大且肩宽，很像水牛

分布区域： 分布于非洲大陆东部和南部，即撒哈拉沙漠以南的非洲。

栖息环境： 对环境的适应能力较强，栖息在热带草原性气候区，如非洲的塞伦盖蒂草原、马赛马拉草原等。

生活习性： 角马为群居动物，通常成 10~20 只的小群活动，不会主动攻击人，攻击性低。每群角马由一只成年雄性角马带领，迁徙的时候由强壮的个体排在队伍的前面和最后。平时活动的时候也会有一只强壮的角马在高处放哨，一旦有危险，头马会率领群体逃跑。通常白天活动，晨昏时较为活跃，通过视觉、听觉和嗅觉进行交流，一只雄性角马的吼叫声可以传到 2 千米之外。

饮食特性： 比较挑食，主要以草、树叶及花蕾为食，最喜欢鲜美多汁的嫩草。

繁殖特点： 发情期通常在夏天，交配发生在集体迁徙的路上，幼仔一般诞生在食物充足的雨季。孕期为 8~8.5 个月，每胎产一仔，幼仔在出生几小时之后就可以站立奔跑，哺乳期一般为 4 个月。

趣味小课堂： 角马每年都要进行长途迁徙，而非洲肯尼亚的马拉河则是角马迁徙的必经之路，每年 10 月，这里都会上演著名的“天国之渡”，上百万头角马从 3000 千米外迁徙到这里觅食、繁殖。

孕期：8~8.5 个月 | 社群习性：群居 | 保护级别：无危 | 体形大小：雄性肩高 125~145 厘米，雌性肩高 115~142 厘米

非洲疣猪

偶蹄目、猪科、疣猪属

头较大，占体长的 1/3
背部有深棕色至黑色的鬃毛
吻部长，形成猪鼻，嗅觉发达

犬齿发达，雄性上犬齿外露并向上弯曲，形成獠牙

非洲疣猪以其眼部下方的疣状物而得名。成年疣猪的头部很大，占体长的 1/3，和身体的比例严重失调，看上去头比身体还重。背部具深棕色和黑色鬃毛，4 枚巨大的獠牙长而锋利，让人望而生畏。雄疣猪獠牙更长，吻部有一对较小的疣，位于獠牙之上，短而尖的下獠牙可当刀用。

分布区域：除热带雨林和北非沙漠外，遍布非洲大陆。

栖息环境：喜欢温暖气候，栖息在森林、灌丛、山地草原和沙漠地带。

生活习性：非洲疣猪为群居动物，一般由一头或数头雌性疣猪和幼猪组成小型群体，有时成年雄性疣猪也会加入其中。它们善于挖洞，既可以躲避天敌，又可以防晒。它们还很好斗，通常用长而尖的犬齿进行防卫。除了掠食者，它们不会主动进攻非洲大草原上的其他动物。它们生存能力比较强，适应高温和干旱环境，可以连续几个月不饮水。奔跑的最高时速可达 54.4 千米，通常会竖着尾巴小跑。

饮食特性：以青草、苔草及植物块茎等为食，偶尔食用腐肉。

繁殖特点：炎热多雨地区的疣猪一年四季都可以交配，沙漠干旱地区的疣猪则多在雨季到来的时候生下幼仔。生育是季节性的，交配期主要在 5—6 月，每胎产 4 只幼仔。分娩之前，母猪会把上一胎子女赶走，之后隐居直到新儿女出世。

孕期：170~175 天 | **社群习性：**群居 | **保护级别：**无危 | **体形大小：**体长 0.91~1.5 米，肩高 0.64~0.85 米

狼

又称野狼、豺狼、灰狼
食肉目、犬科、犬属

狼是食物链的次级掠食者，通常合作捕食，属国家二级保护动物。体形匀称，四肢修长，耳尖且直立，面部长，鼻口尖而突出，上颚骨尖长，嘴巴宽大弯曲，犬齿及裂齿发达。毛粗而长，尾多毛，较发达，爪粗而钝。外形与狗、豺相似，尾下垂夹于两后腿之间。毛色随产地而异，多为棕黄或灰黄色，略混黑色。趾行性，利于快速奔跑。

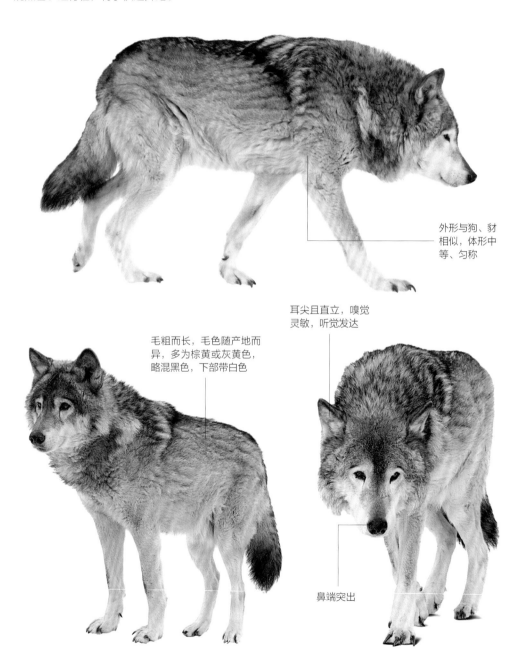

外形与狗、豺
相似，体形中
等、匀称

毛粗而长，毛色随产地而异，多为棕黄或灰黄色，略混黑色，下部带白色

耳尖且直立，嗅觉
灵敏，听觉发达
鼻端突出

尾挺直状下垂，
夹于两后腿之间，
多毛，较发达
嘴长而窄，有约
42 枚牙齿，犬
齿及裂齿发达

分布区域：除南极和大部分海岛以外，遍布全世界。

栖息环境：多栖息于苔原、草原、森林、荒漠、湿地等地带。

生活习性：狼是群居性动物，具有森严的等级制度。狼群通常以家庭为单位，或由一对具有优势的雄性和雌性领导，或由最强的一头狼领导，一般 7 匹左右组成一个狼群，也有少数狼群可达到 30 匹以上。狼群具有领域性，若领域内个体数量增加，那相应的领域范围就会缩小。狼群的领域范围不会重叠，一般只在自己的领域内活动，如果发现有入侵的狼群，它们会以嚎声宣告领域范围，并对其发出警告。因此，狼群之间不可能协作行动。狼的奔跑速度较快，耐力很好，智商较高，可以通过气味、叫声和肢体动作沟通。

饮食特性：以食草动物及啮齿动物等为食。

繁殖特点：狼进入发情期之后会选择单一配偶，不同的狼发情时间不同，发情期为一个月。每胎通常产 5~6 仔，多数出生在夏季。幼仔出生之后，公狼会带食物给母狼，母狼会给幼仔哺乳。

四肢修长

孕期：约 63 天 | 社群习性：群居 | 保护级别：近危 | 体形大小： 体长 130~200 厘米，肩高 66~91 厘米

狞猫

又称沙漠猞猁
食肉目、猫科、狞猫属

狞猫属于猫科动物，体形较小，有深红棕色、灰色、沙灰色及黑色等多种颜色。狞猫最显著的特征是拥有黑色的长耳朵，由 20 条不同的肌肉控制，极其灵敏，可以用来帮助寻找猎物，而耳朵上的一簇毛发则能帮助它们精准地确定猎物的位置。

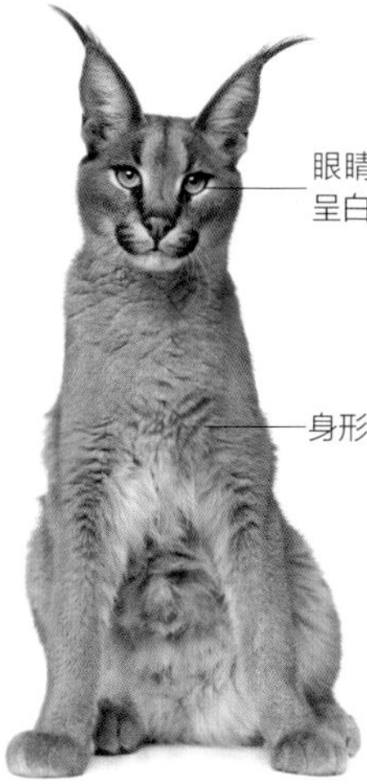

眼睛四周呈白色

身形瘦长

耳朵又大又尖，且长有长长的黑色丛毛，背面呈黑色

下巴的毛发为白色

毛色一般是浅黄棕或深红棕色

尾巴比猞猁长，约有身长的 1/3

四肢纤细

分布区域： 分布在非洲，以及亚洲西部、中部和南部等地区。

栖息环境： 主要栖息在草原和半沙漠地带，也有少量分布在林地、灌木丛等区域，甚至海拔 3000 米的山地也有发现。

生活习性： 狞猫独居或成对活动，领域性强，会用尿液标记自己的领地范围。善跳跃，善奔跑，捕鸟技术很高超，可以抓到飞行的鸟类，有时一次可抓超过两只。耐渴，可以长时间不饮水。

饮食特性： 捕食啮齿目动物和野兔，偶尔也会攻击小型羚羊或年幼的鸵鸟。

繁殖特点： 全年都可以繁殖，没有固定的交配期。每胎产 2~5 仔。小猫在出生后 10 天左右睁眼，在 10~25 周断奶，12 个月大的时候就可以自己独立生活了。

趣味小课堂： 狞猫是同等大小猫科动物中行动最敏捷的一种。它们主要在夜间活动，捕食的时候，会悄悄跟踪猎物，等猎物完全放下防备的时候，再猛地冲过去杀死猎物。狞猫比较挑食，不喜欢吃动物的内脏和皮毛，进食时会将这些东西抛弃。不过它们会吃小鸟的羽毛，有时还会食用腐肉。

孕期：68~81 天 | 社群习性：独居或成对 | 保护级别：无危 | 体形大小：体长 60~92 厘米，尾长 23~31 厘米

豹猫

又称铜钱猫、石虎
食肉目、猫科、豹猫属

豹猫身上的斑点很像中国的铜钱，因此在中国也被称作“铜钱猫”，为国家二级保护动物。豹猫体形小，略大于家猫。一般南方豹猫为黄色，北方豹猫为银灰色，但胸、腹部皆为白色，斑点则为黑色。明显的白色条纹从鼻子延伸到两眼间，一直到头顶；鼻吻部白色；黑色条纹从眼角内侧一直延伸到耳部。耳大而尖，耳后黑色，带有白斑点，尾有环纹至黑色尾尖。

头形圆

胸腹部及四肢内侧白色

耳朵小，呈圆形或尖形，耳背黑色，有一块明显的白斑
背面的体毛为棕黄色或淡棕黄色，并布满不规则的黑斑点

从头部至肩部有 4 条黑褐色条纹（或为斑点）
眼睛大而圆，瞳孔直立
尾端黑色或暗灰色

分布区域：广泛分布于亚洲地区。

栖息环境：栖息在山地林区、郊野灌丛和林缘村寨附近，在半开阔的稀树灌丛中数量最多，浓密的原始森林、垦殖的人工林（如橡胶林、茶林等）和空旷的平原农耕地则数量较少。

生活习性：豹猫一般为独居生活，喜欢在夜间活动，尤其是在晨昏时分，经常在近水处活动和觅食。它们的窝通常建在树洞、土洞、石缝中或石块下。虽然它们主要在地面活动，但它们的攀爬能力却很强，能敏捷地在树上活动。它们还善于游水，喜欢在水塘边、稻田边活动和觅食。

繁殖特点：一般在春季发情交配，春夏季繁殖，通常 5—6 月产仔，每年生一胎，每胎产 2~4 仔。南方豹猫繁殖季节性不明显，1—6 月都可以繁殖，在东南亚地区一年四季均可以繁殖。幼仔出生时体重为 75~120 克，10 天之后可以睁眼。

饮食特性：豹猫主要以老鼠、松鼠、野兔等小型哺乳动物，两栖类、小型爬行动物，小型鸟类以及昆虫等为食，它们有时还会悄悄潜入人类聚居地偷吃鸡、鸭等家禽。

孕期：63~70 天 | 社群习性：独居 | 保护级别：易危 | 体形大小：体长 36~66 厘米，尾长 20~37 厘米

非洲狮

又称草原之王
食肉目、猫科、豹属

非洲狮是非洲现存最大的猫科动物，雌雄两态，雄狮有鬃毛，而雌狮没有。雄狮鬃毛一直延伸到肩部和胸部，毛色有淡棕色、深棕色、黑色等。狮子的头大而圆，脸宽，鼻长吻短，鼻头黑色，雄狮耳朵短而圆，雌狮耳朵为半圆形。前肢比后肢强壮，爪宽，尾长，末端还有一簇深色长毛。

雌狮的耳朵
呈半圆形

分布区域： 分布于非洲撒哈拉沙漠以南的草原地带。
栖息环境： 栖息在热带的草原或半沙漠地带。
生活习性： 非洲狮为群居动物，通常由 9~20 只狮子组成一个狮群，其中包括数只成年雌狮、1~2 只成年雄狮以及若干幼狮，而狮群的核心是雌狮。狮群中的雌狮负责狩猎，它们合作狩猎的成功率极高，并且全天皆可出击，但夜晚的成功率比白天要高。它们一般先包围猎物，然后逐渐收紧包围圈，而这时，狮群中雌狮的分工也有所不同，其中有些狮子负责驱赶猎物，其他狮子则负责伏击。雄狮则很少参与捕猎，它们主要负责保卫领地。
饮食特性： 主要以野牛、羚羊、斑马、长颈鹿等大型哺乳动物为食。

雄狮有很长的鬃毛，鬃毛有淡棕色、深棕色、黑色等，长长的鬃毛一直延伸到肩部和胸部
四肢非常强壮
爪子很宽

雄狮的耳朵既短又圆
尾巴相对较长，末端
还有一簇深色长毛
雄狮鼻骨较长，
鼻子是黑色的

繁殖特点： 孕期一般为100~119天，每窝通常产仔2~4只。幼仔刚出生的时候身上有赭石色的斑点，4周大的时候开始吃雌狮喂的半消化肉食。哺乳期为6~7个月。

趣味小课堂： 非洲狮有领地意识，雄狮会用咆哮和尿液气味来标记领地，有时也会将粪便涂在灌木丛上，以此标记。狮群会尽量避免和其他狮群相遇，如果遇上入侵者，雄狮会以咆哮声来警告外来者。若外来雄狮来势汹汹，或者年轻雄狮实力较强，当前狮王的地位便会受到威胁，这时会上演一场激烈厮杀。

雌狮毛发短，
体色有浅灰、
黄色或茶色

雄狮的头部较
大，脸形颇宽

孕期：100~119天 | 社群习性：群居 | 保护级别：易危 | 体形大小：雄狮体长超过3米，肩高1.1米以上

非洲象

又称非洲草原象
长鼻目、象科、非洲象属

非洲象是陆地上现存最大的哺乳动物。性情温柔而敦厚，最显著的特征就是巨大的耳朵和长长的鼻子。非洲象前足4趾、后足3趾，前额突起，背部倾斜，肩部最高，鼻端有两个指状突，雌、雄均有长獠牙，雌性獠牙较短。象耳和象鼻的功能比较特殊，象耳具有散热的功能，可保持身体凉爽，而象鼻则具有承重的功能，可用来抓举东西。

头顶扁平，
前额突起
两只耳朵特别大，直径约2米
前足有4趾，后足有3趾，脚底下有橡皮一般的肌肉，粗厚而平坦

象鼻很长，为上唇和鼻子的合并

肩部和臀部较高

雄兽和雌兽均有由上颌门齿形成的象牙，但雌兽的牙短而细

四肢粗壮如柱，腿的直径约50厘米，周长超过1.7米

体色为灰棕色

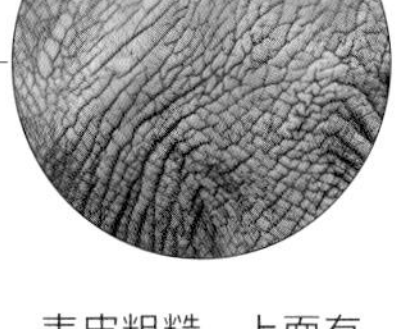
表皮粗糙，上面有许多环列的皱纹

分布区域： 分布于非洲。

栖息环境： 栖息在热带稀树草原以及半沙漠地区，由于人类侵犯以及农业用地扩张，现栖息地仅限于国家公园和保护区的森林、矮树丛以及稀树草原。

生活习性： 非洲象是群居动物，象群通常由20~30只大象组成，其中包括数只雌象、少数雄象以及幼象，雌象是象群的核心。象群中的多数成员是其后代，而群体中的多数雄象在成年后则必须离开，只有在交配期才会回到群体。虽然象群的等级制度森严，行动由地位高低决定，但群体成员之间通常都十分友好。行走的时候步子迈得大，每一步都高高弯腿，并尽量跨得远一些，方便蹚过泥地。非洲象在草原上所向无敌，通常较温和，只有在愤怒或恐惧时，才可能伤害其他动物。

饮食特性： 以青草、树叶、嫩枝、野果等食物为食。

繁殖特点： 没有固定发情期，全年都可以交配繁殖。幼仔一般在7—8月出生，每胎产一仔。两次生产的间隔期为4年，一只雌象一生可以生产4~5胎。

趣味小课堂： 非洲象为了采食，一年通常走约16000千米，迁徙的路线还会穿过溪流、沼泽等，因此它们的一生就像一次漫长的寻食旅行。象群不会在茂密的森林失散、迷路，因为它们有自己独特的联络方式，依靠声音和气味，无论走多远，它们都能找到家族的去向。

孕期：约22个月 | 社群习性：群居 | 保护级别：易危 | 体形大小：体长6~7.5米，尾长1~1.3米，肩高2.6~4米

猞猁

又称欧亚猞猁、林曳、猞猁狲、马猞猁、山猫、野狸子
食肉目、猫科、猞猁属

猞猁属中型猫科动物，为国家二级保护动物。虽然外形与家猫相似，但体形远大于猫。它们性情机敏、行动谨慎，因生性凶猛，又叫狼猫。猞猁耳尖生有黑色耸立簇毛，两颊长毛下垂，四肢粗长矫健，尾极短。毛色为浅棕、土黄棕、浅灰褐、麻褐色或灰白与浅棕相杂，腹部浅白、黄白或沙黄色，尾黑色。

脊背毛发最厚，颜色较深，红棕色，中部毛色深
身体粗壮
腹面浅白、黄白或沙黄色
四肢粗长而矫健
尾巴极短，通常不及头长的1/4，尾尖钝圆，尾端呈黑色
耳尖生有黑色耸立的簇毛
眼周毛色发白
两颊有下垂的长毛

分布区域：分布于欧洲和亚洲北部。

栖息环境：栖息在寒冷的高山地带，可在亚寒带针叶林、寒温带针阔混交林至高寒草甸、高寒草原、高寒灌丛草原及高寒荒漠与半荒漠等各种环境中生存。

生活习性：猞猁是一种离群独居的野生动物，无固定巢穴，通常夜间行动。白天的时候会躺在岩石上晒太阳，或者静静地躲在大树下。猞猁的耐性和耐力都很好，既可以连续蛰居几天，也可以连续奔跑几天。如果遇到危险，能迅速采取措施，或躲避到树上，或卧倒在地。它性情狡猾且谨慎，通常会隐蔽在草丛、灌丛、石头、大树等猎物常出没的地方，直到猎物走近，才伺机捕捉。如果捕捉失败，它们会重新回到原地，继续等待，而不是紧追不舍。

饮食特性：以鼠类、野兔、小野猪、小鹿等为食。

繁殖特点：交配期为2—4月，孕期通常为2个月，每胎产2~4仔。幼仔在约一个月大的时候吃固体食物，第二年会离开妈妈。

趣味小课堂：在中世纪以后的一段时间里，猞猁被欧洲人广泛捕杀。那时候人们认为它们威胁家畜，而且因为耳朵上的那撮毛，它们被臆想为魔鬼，宗教信徒认为猞猁象征着“撒旦”，于是它们被猎杀。19世纪，猞猁已被欧洲许多国家赶尽杀绝。直到20世纪70年代，人们才意识到应该保护这个物种。

孕期：约2个月 | 社群习性：独居 | 保护级别：无危 | 体形大小：体长80~130厘米，尾长16~23厘米

狒狒 灵长目、猴科、狒狒属

狒狒属于大型猴类，体形仅次于猩猩，它们生性凶猛，敢和狮子、老虎等猛兽对峙。狒狒面部和耳朵上有短毛，雄性脸周、颈、肩部有长毛，雌性毛较短。头部粗大，吻突出，眉弓突出，眼深陷，犬齿长而尖，具颊囊，耳小；体形粗壮，四肢短粗，臀部有色彩鲜艳的胼胝；毛粗糙，有黄色、黄褐色、绿褐至褐色，尾部毛色较深。

眉弓突出，
眼深陷
臀部有色彩
鲜艳的胼胝

头部粗长
雄性的颜面
周围、颈部、
肩部有长毛，
雌性毛较短

犬齿长而尖，
可达 5 厘米，
有颊囊
四肢等长，短
而粗，适应地
面的活动

分布区域：主要分布于非洲地区。

栖息环境：栖息在热带雨林、稀树草原、半荒漠草原和高原山地，更喜欢在开阔的多岩石低山丘陵、平原或峡谷峭壁上生活。

生活习性：狒狒为群居动物，每群的数量从十几只至百余只不等。善于游泳，主要在地面生活，也会爬到树上睡觉或者觅食。社群生活极为严密，有严格的等级秩序和严明的纪律。野生狒狒群通常几年就会发生 1 次争战，争战的结果往往是分群或换王。群体通常以年轻健壮、体形高大的雄狒狒为核心，群体内分工明确，通常合作捕猎，且成功率很高。

饮食特性：杂食性动物，主要以昆虫、蝎子，以及植物的果实、嫩枝、花蕾等为食。通常在中午喝水。

繁殖特点：没有固定繁殖季节，5—6 月为繁殖高峰期，每胎产一仔。哺乳期为 6 个月。

趣味小课堂：古埃及人认为狒狒是太阳神的儿子，每天清晨狒狒都会第一时间迎接太阳，非常虔诚。在阿拉伯地区，狒狒曾被称为“神圣的猴子”，人们将它们刻在神殿的石柱上。被驯化的狒狒可以给人看家、哄孩子以及采集鲜果。它们甚至还会清点羊群，如果发现羊栏里的羊少了，会想办法把因迷路无法回家的羊羔召唤回来，是牧羊人的好帮手。

孕期：6~7 个月 | 社群习性：群居 | 保护级别：近危 | 体形大小：体长 50.8~114.2 厘米，尾长 38.2~71.1 厘米

白犀

又称白犀牛、方吻犀、宽吻犀
奇蹄目、犀科、白犀属

白犀高大威猛，形态奇特，性情温和，智商极高。其管道状的耳朵可以旋转，听觉灵敏；上唇平而宽，呈方形；细长的角长在鼻子上，两只角一大一小、一前一后，高高耸立，较长的前角向后弯曲，后角较短，雌兽的角较雄兽的更长。

躯体浑圆粗壮，皮肤光滑，厚3~4厘米

管道状的耳朵可以旋转，听觉较灵敏

眼睛很小，分别长在头部两侧

全身只有耳边和尾端有毛，但没有大褶和皱纹形成的甲胄

角长在鼻子上，两只角一大一小、一前一后

分布区域：分布于非洲的乍得、苏丹、刚果（金）、乌干达、安哥拉和津巴布韦等地。

栖息环境：栖息在热带或亚热带稀树草原和灌丛。

生活习性：白犀为群居动物，性情温和，通常由3~5只或10~20只雌犀与幼犀成群活动，成年的雄犀则多半独居。具有很强的领地意识，会用撒尿和散布粪便的方式来标记自己的领地。一般雄犀的领地比雌犀的要小，但它们允许占次要地位的雄性以及雌性在它们的领地中活动。虽然白犀比黑犀温和，攻击性也比较弱，但它们仍然会为了争夺领地而互相攻击。它们主要在傍晚、夜间和清晨活动，白天一般休息，非常喜欢在泥泞水池以及沙质河床上打滚。它们的视力较差，主要靠听觉和嗅觉行动。

饮食特性：植食性动物，以短草为食。

繁殖特点：没有固定发情期，全年都可以交配。每3年生产一次，每胎产一仔。哺乳期约为一年，幼仔出生3个月后可以啃咬草皮。

孕期：约547天 | 社群习性：群居 | 保护级别：近危 | 体形大小：体长340~420厘米，肩高150~180厘米

小食蚁兽

又称斑颈食蚁兽、二趾食蚁兽
披毛目、食蚁兽科、小食蚁兽属

小食蚁兽性情温和、反应迟钝、动作缓慢。眼睛小，耳朵大且直立敏锐，依赖听觉去判断四周的环境。前肢有4趾，后肢则为5趾，行走时手背着地。头骨呈长圆筒状，口鼻部修长，呈弧形，向下弯，长舌头则从此伸出，灵活伸缩，用唾液和腮腺分泌物粘取蚁类。腹部及卷尾的尾部均没有毛发，尾部有缠绕性。

吻部尖长，嘴管形，舌可伸缩，并富有黏液，适于舔食昆虫

前肢有力，第三趾特别发达，并有呈镰刀状的钩爪

后肢有5趾

头骨细长而脆弱，呈圆筒状，齿骨细长，无齿

分布区域：分布于中美洲和南美洲，从墨西哥最南端到巴西、巴拉圭的广大地区。

栖息环境：栖息在潮湿或干燥的草地、森林中，常见于溪流和河流附近。

生活习性：小食蚁兽为独居的夜行性动物。白天通常栖息在树洞或其他动物留下的洞穴里。它们通常会为了保护自己的爪子而用趾关节行走，并采用双肢交替前进的方式沿树干行动。往往靠嗅觉嗅出蚁穴，然后用有力的前肢撕开蚁穴，再用长舌粘取白蚁，靠胃部的厚幽门研磨。它们为了能持续地享用美味，在捕猎时非常注意保护蚁穴，使其不被完全破坏。

饮食特性：以蚂蚁、白蚁及其他昆虫为食，偶尔也会吃蜂蜜和蜜蜂，人工饲养的状态下也会吃水果和肉。

繁殖特点：通常在秋季交配，每胎产一仔。幼仔刚出生的时候不像其父母，皮毛从白到黑都不一样，会骑在妈妈背上生活一段时间。

孕期：130~150 天 | 社群习性：独居 | 保护级别：无危 | 体形大小：身长 34~88 厘米，体重 1.5~8.5 千克

大食蚁兽

披毛目、食蚁兽科、大食蚁兽属

大食蚁兽长相古怪，是美洲特有的动物之一。大食蚁兽是食蚁兽中最大的动物。头细长，口鼻部很长，眼、耳极小，吻为管状，无齿，细长的舌可以卷缩舔食蚁类、白蚁及其他昆虫。尾巴几乎和身体一样长，皮毛坚硬、粗糙，且极厚，毛色为黑灰色兼有棕褐色，肩膀上有黑白条纹，背两侧有黑色纵纹，边缘白色，在后背的中部有一簇长毛，前肢为白色，脚趾处有黑带。

尾巴特别发达，上面的毛长而蓬松
脊部隆起，弯曲呈拱形，背面两侧有宽阔的黑色纵纹，边缘为白色
眼、耳极小
体毛长而坚硬，主要为黑灰色兼有棕褐色，长达 40 厘米
后肢短，五爪大小相仿
整个头部又细又长，头骨长达 38 厘米，额部扁平，脑容量非常小
嘴里没有牙齿，吻部是一根只有铅笔粗细的大圆锥管状，可以将长舌收藏其中
前肢粗壮而有力，除第五趾外，均有钩爪，特别是中趾的爪十分强大

分布区域： 分布于美洲的部分地区，从墨西哥南部到南美洲乌拉圭和阿根廷的西北部。

栖息环境： 栖息在热带草原和疏林中，尤其喜欢在水边低洼处和森林沼泽地带生活。

生活习性： 大食蚁兽为独居动物，性情温和，行动谨慎而迟缓，从不危害人畜。陆生动物，但善于游泳，不善爬树。行为奇特，走路时不停地摇动尾巴，并且鼻吻部几乎与地面接触，似乎是在寻觅食物。以白蚁等为食，通常先嗅出蚁穴所在，再用锋利的前爪刨开蚁穴，最后利用长舌头上的黏液粘住白蚁，并送进嘴里，囫囵吞食。当大食蚁兽在野外相遇的时候，常常会相互无视对方或逃跑，偶尔也会激烈地打斗。

饮食特性： 主要以蚂蚁和白蚁为食，有时也吃其他昆虫。

繁殖特点： 全年都可以繁殖，孕期约为 190 天，一般在春天生产，站立分娩，每胎产一仔，幼仔的体重约为 1.3 千克。哺乳期为 2~6 个月。

趣味小课堂： 大食蚁兽在其分布地区数量已经极少，许多地区已有灭绝记录。大食蚁兽的整个成长过程中都在被捕食和被捕杀中度过。

孕期：约 190 天 | 社群习性：独居 | 保护级别：易危 | 体形大小：体长 100~120 厘米，尾长 65~90 厘米

花豹

又称豹子、金钱豹
食内目、猫科、豹属

花豹为国家一级保护动物，头小而圆，耳短，耳背黑色，耳尖黄色，基部也为黄色，并具有稀疏的小黑点。眼睛虹膜为黄色，在强光照射下，瞳孔收缩为圆形，在黑夜则发出闪耀的磷光。花豹皮毛柔软，常具显著花纹，额部、眼睛之间和下方以及颊部都布满了黑色的小斑点。体形低矮强壮，腿较短，尾巴较长。花豹还有一种通体为黑色，身上的斑点只在阳光照射下才隐约可见，即为黑豹。黑豹并不具备稳定的基因，同一窝幼仔可能花豹和黑豹并存。花豹的视、听、嗅觉均很发达，犬齿及裂齿极发达。

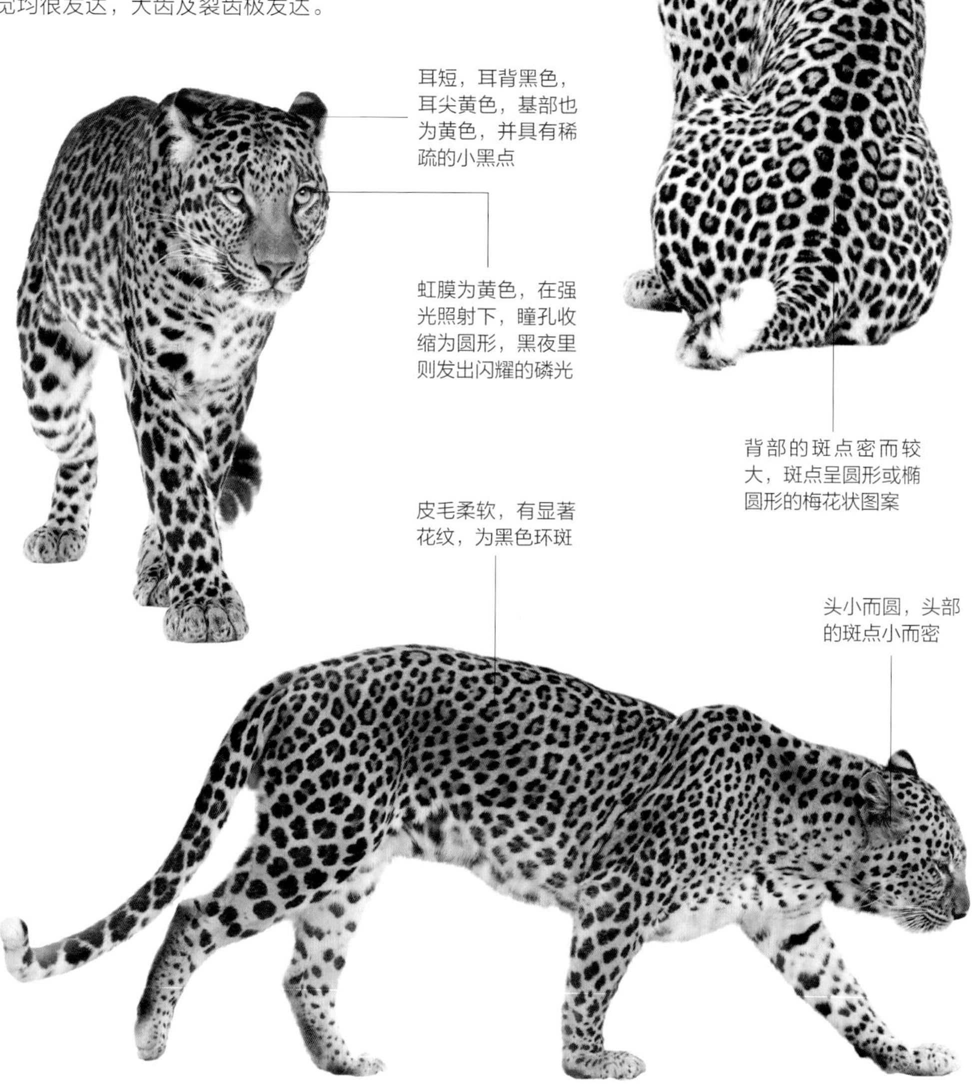
耳短，耳背黑色，耳尖黄色，基部也为黄色，并具有稀疏的小黑点
虹膜为黄色，在强光照射下，瞳孔收缩为圆形，黑夜里则发出闪耀的磷光
背部的斑点密而较大，斑点呈圆形或椭圆形的梅花状图案
皮毛柔软，有显著花纹，为黑色环斑
头小而圆，头部的斑点小而密

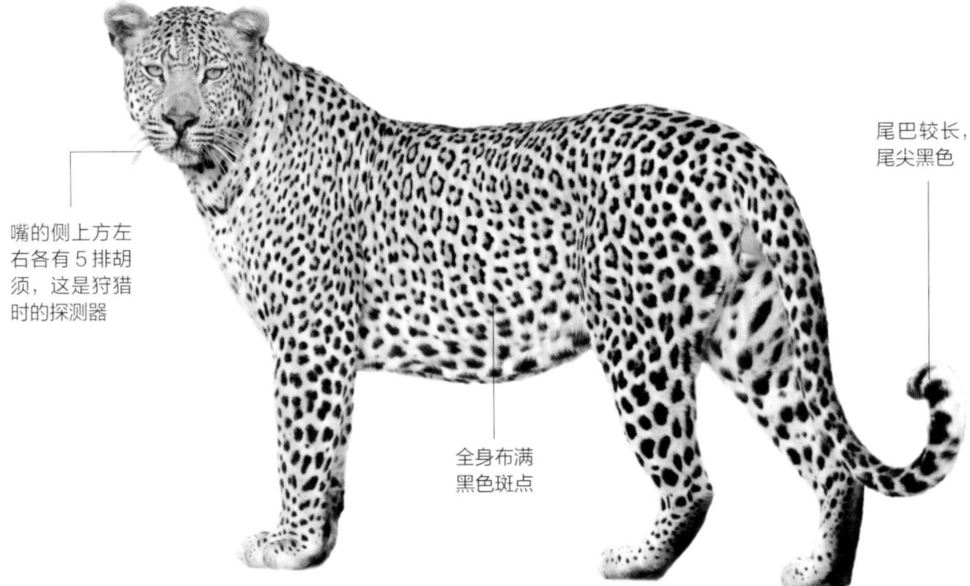
嘴的侧上方左
右各有 5 排胡
须，这是狩猎
时的探测器
尾巴较长，
尾尖黑色
全身布满
黑色斑点

分布区域：分布于亚洲、非洲，从喜马拉雅山脉到撒哈拉沙漠的广大地区。

栖息环境：栖息在山地森林、丘陵灌丛、荒漠草原等地区，从海拔 100 米的低地到海拔 3000 米的高山都有其踪迹。

生活习性：花豹为独居动物，一般白天在树上或巢穴中休息，并依靠布满花斑的皮毛作伪装，即使几米之内，也很难发现它们的存在。傍晚时出来活动、觅食。拥有比较固定的领地范围，一只雄豹领地可达 40 平方千米，比雌豹的领地大许多，并且通常会与多只雌豹的领地重叠。但如果领地内食物缺乏，也会游荡数十千米觅食。会用多种方式来标明领地，最常见的是通过尿液。花豹的感官发达，嗅觉和视觉也比较灵敏。善于爬树，也善于跳跃，可以跳 12 米远，但不喜欢游泳。

饮食特性：以各种有蹄类动物、猴类、野兔、鼠类、鸟类、鱼类等为食。

繁殖特点：不同地区的花豹繁殖周期不同，在低纬度地区，全年都可以发情和繁殖；高纬度地区，一般在春季发情。发情期为 7~14 天，孕期为 90~106 天，每胎产 1~4 仔，哺乳期约为 4 个月。

趣味小课堂：花豹是大型猫科动物，拥有发达的肌肉、锋利的爪子以及强大的颚，因此，捕猎的成功率较高。

四肢短健，
前足 5 趾，
后足 4 趾，
爪灰白色，
能伸缩

孕期：90~106 天 | 社群习性：独居 | 保护级别：濒危 | 体形大小：体长 100~150 厘米，体重 50~100 千克

猎豹 食肉目、猫科、猎豹属

猎豹的雄性个体体形略微大于雌形个体。猎豹头小，耳朵短，瞳孔圆形，后颈部的毛比较长，好像短鬃毛一样。与花豹不同的是，它们从嘴角到眼角有一道黑色的条纹，背部呈淡黄色，腹部通常为白色，全身都有黑色的斑点，尾巴末端有黑色的环纹。猎豹的腿很长，身体瘦，体形纤细有力，呈流线形，脊椎骨十分柔软，容易弯曲，像弹簧一样，奔跑时前肢和后肢同时用力，身体的特殊结构使猎豹的奔跑速度极快。

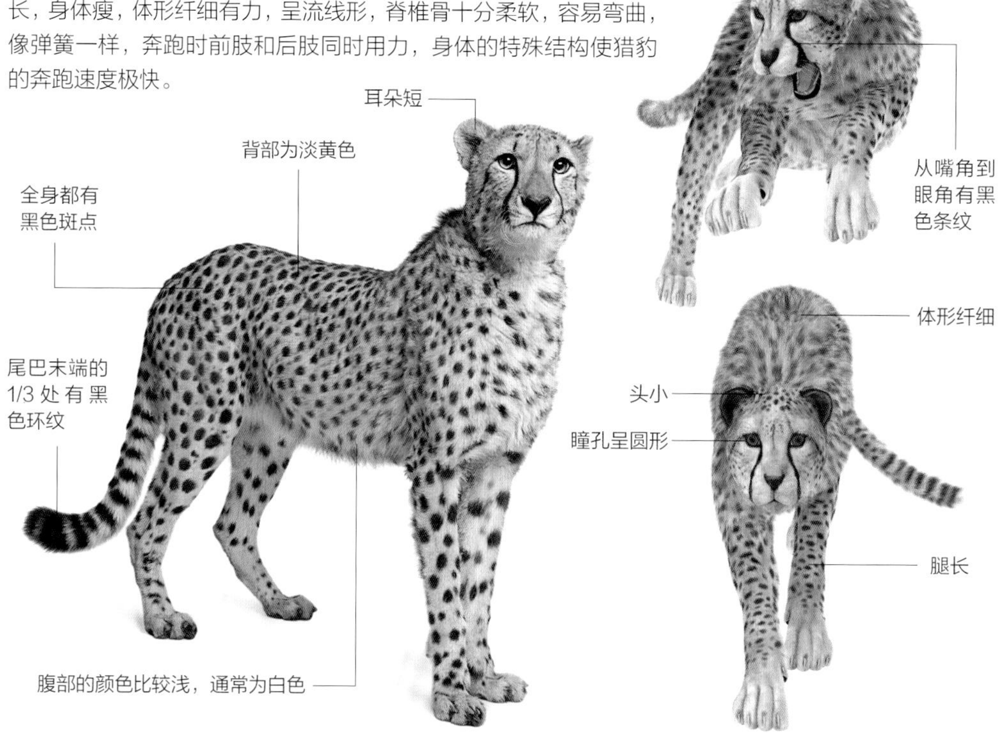

分布区域：大多分布在非洲。

栖息环境：栖息在温带或热带的草原、沙漠中。

生活习性：猎豹为独居动物，生活较规律，白天觅食和活动，晚上休息。生性警觉，行走的时候会不时地停下来看看有没有猎物，午睡的时候每隔6分钟起来查看四周是否有危险。善于奔跑，但是行走距离不是很远。牙比较短，所以猎豹有时候不是用牙把猎物咬死，而是靠上下颚像钳子一样把猎物脖子钳住，使其窒息死亡。

饮食特性：肉食性动物，以鸵鸟以及各种有蹄类动物如斑马等为食。

繁殖特点：雄豹会争夺配偶，在野外自由竞争。孕期为91~95天，每胎可产1~6仔。产仔的雌豹通常会把巢建在丛林深处较为偏僻的地方，以防猛兽捕食小猎豹。

趣味小课堂：猎豹是地球上奔跑速度最快的动物，时速高达110千米。它们的身体呈流线形，且脊椎像弹簧一样柔软，易弯曲。跑的时候，它们的前后肢均可用力，而大尾巴则可平衡身体。它们的奔跑时速如果超过115千米，那么它们的呼吸系统和循环系统就无法承受奔跑时积聚的热量，此时很容易出现虚脱症状。

孕期：91~95天 | 社群习性：独居 | 保护级别：易危 | 体形大小：身长1~1.5米，尾长0.6~0.8米，肩高0.7~0.9米

草原狐 食肉目、犬科、狐属

在北美洲，草原狐是体形最小的野生犬科动物，大致和家猫大小相近，比赤狐更瘦小，雄狐和雌狐身形相仿。草原狐耳朵大而尖，毛色淡灰，两耳下侧及内侧有乳白色毛发，咽喉部、胸部呈乳白色，鼻两侧有黑色斑点。体侧和腿部毛色橙褐，尾毛浓密，呈灰黑色。

鼻两侧有黑色斑点

耳朵大而尖

咽喉部、胸部、两耳下侧及内侧呈乳白色

腿两侧为橙褐色

尾巴呈灰黑色，尾毛浓密，夏季临近结束时，皮毛开始增厚

全身毛色较浅，呈淡灰色

分布区域：分布于北美洲，最北分布区域在加拿大的阿尔伯塔省、萨斯喀彻温省和曼尼托巴省，最南分布区域在美国的新墨西哥州和得克萨斯州。

栖息环境：栖息在北美洲的短草平原和混合草原。

生活习性：草原狐为群居动物，通常白天在洞穴休息，夜晚活动，但也会随季节而变化。冬季，会在温暖的午后出洞晒太阳；夏季，则只在凉爽的夜晚出现。它们奔跑速度极快，时速可达 50 千米，有助于捕获猎物和躲避捕食者。此外，它们还可藏身地洞以躲避猎食者。

饮食特性：以小型动物如飞禽、爬行动物、两栖动物、昆虫，以及浆果和野草等为食。

繁殖特点：加拿大的草原狐繁殖期从 3 月开始，美国的草原狐繁殖期为 12 月下旬到次年 1 月下旬，孕期为 50~60 天。一年生产一次，每胎产 2~6 仔。刚出生的幼仔眼、耳没有发育成熟，没法感知周围的环境，需要母狐看护，哺乳期为 6~7 周。

孕期：50~60 天 | 社群习性：群居 | 保护级别：无危 | 体形大小：身长约 80 厘米，尾长约 28 厘米，肩高约 30 厘米

旱獭

又称土拨鼠、草地獭
啮齿目、松鼠科、旱獭属

旱獭是松鼠科中体形最大的动物，属于植食性、冬眠性的陆生穴居动物，也是大型啮齿动物。旱獭头骨粗壮，上唇为豁唇，上下各有一对门齿露于唇外，眼圆，无颈，尾和耳部皆短，耳壳为黑色。体短身粗，四肢短而强健，前爪发达，适于掘土，可直立行走。被毛粗糙，短而密，毛基色褐灰，背部毛呈黄褐或淡褐色，腹部毛呈土黄色，头部及尾部色较深，毛色因地区、季节和年龄而有所变化。

两眼为圆形，眶间部宽而低平，眶上突发达，骨脊高起

耳朵短而小，耳壳黑色

上唇为豁唇，上下各有一对门齿露于唇外

体短身粗，身体各部肌肉发达有力

利爪坚硬，前脚4趾，后脚5趾，可直立行走

尾巴短而扁

分布区域：分布于欧亚大陆北部及北美洲地区。

栖息环境：栖息在平原、山地的各种草原和高山草甸，以及半荒漠地区。

生活习性：旱獭为群居动物，营穴居，善挖掘，洞穴多在岩石坡和灌木丛下，洞道不仅深，而且复杂，从洞中推出的沙石在洞口处会形成旱獭丘。食量很大，主要以牧草为食，但耐饥渴，不喜饮水，喜食水分含量高的饲料。性格温顺，易驯化，且抵抗力较强，但不耐热，怕暴晒。当气温长期低于10℃时，它们就会开始冬眠，冬眠期3~6个月，等气候转暖，它们就会自然苏醒。

饮食特性：主要以莎草科、禾本科植物的叶、茎以及豆科植物的花为食。

繁殖特点：交配季在春天，孕期约30天，每胎产4~6仔，多的可以生12只。繁殖年限为10~15年，一年生产一次。

经济价值：旱獭全身都是宝：肉可以食用；脂肪可以入药，内治咯血，外治烧伤，还可以制成化妆品，有润肤、护肤的作用。其皮质较好，坚实、耐磨，绒毛的色染性能较好，加工之后毛色光亮鲜艳，制成裘皮的工艺价值很高。

孕期：约30天 | 社群习性：群居 | 保护级别：无危 | 体形大小：体长30~50厘米，体重5~10千克

土豚

又称非洲食蚁兽、蚁熊、土猪
管齿目、土豚科、土豚属

土豚身强力壮，体形类似大袋鼠，颇肥壮。土豚的牙齿构造非常特殊，没有犬齿和门齿，只有几对终身生长的臼齿。土豚的牙齿缺少釉质，外包骨骼状的物质，内部自中央髓腔发出数条平行的管状延长部，从咀嚼面看，样子是多角形小管的集合体，管齿目的名称也由此而来。

耳长而薄，类似驴耳

皮厚，呈红褐色或白色，被有稀疏刚毛

四肢粗壮，趾端有强大而锐利的爪

尾巴呈圆柱形，尾肌很发达，基部粗，末端变细

舌细长，富黏液，能延伸

分布区域：分布于撒哈拉沙漠以南的东非至南非。

栖息环境：栖息在丘陵和草原地区。

生活习性：土豚为独居动物，独居在较深的洞穴里，粗壮的四肢和锋锐的趾爪使它们具有很强的挖掘能力，非洲草原上的白蚁穴极硬极高，犹如水泥筑成，土豚却能轻易抓破蚁丘，用细长的舌粘食白蚁。环境适应能力很强，领地意识弱，白天在洞穴中休息，夜间活动，一夜可以吃掉 50000 只白蚁。生性胆小，缺乏自卫能力，靠灵敏的听觉察觉敌情。

饮食特性：属于杂食性动物，食物包括各种昆虫、小型啮齿类以及鸟卵，但最主要的食物是白蚁。

繁殖特点：一雄配多雌，每年 3—5 月发情交配，孕期为 7~9 个月，一般在 10—11 月分娩，每胎产一仔。幼仔 6 个月的时候可以独立生活。

趣味小课堂：土豚的窝是一道独特的风景线，洞穴长 3~12 米，有时相连能绵延至十几到几十千米。但土豚记性不好，常忘记旧窝另建新屋，所以它们的家往往会被其他动物借用。人们在土豚洞里找到过蜥蜴、眼镜蛇、疣猪甚至豹子，当地的土著偶尔也在里面躲避风雨。

孕期：7~9 个月 | 社群习性：独居 | 保护级别：无危 | 体形大小：体长 90~140 厘米，体重 50~60 千克

袋鼠 双门齿目、袋鼠科、大袋鼠属

袋鼠是善跳跃的哺乳动物，跳跃的行进方式也是它们的显著特征之一。袋鼠以跳代跑，用下肢跳动前进，最高可跳 4 米，最远可跳 13 米，时速达 50 千米以上。这些都取决于它们有一条粗壮且长满肌肉的尾巴，这尾巴不仅能与下肢共同平衡身体，而且还能像腿一样支撑身体。除此之外，袋鼠尾巴还具有进攻与防卫的作用。

分布区域：分布于澳大利亚和巴布亚新几内亚部分地区。

栖息环境：栖息在凉性气候的雨林和沙漠平原以及热带地区的草原。

生活习性：袋鼠通常群居生活，也有些较小的品种会独居生活，大多在夜间活动。袋鼠家族的“种族歧视”很严重，不能容忍外族成员，甚至家族成员长期外出之后再回来也会受到排挤。雌性袋鼠都长有前开的育儿袋，育儿袋里有 4 个乳头，雄性没有育儿袋。小袋鼠在育儿袋里被抚养长大。澳大利亚缺少大型食肉猛兽，因此能对袋鼠造成威胁的天敌不多，即便如此，它们还是有自己很独特的对抗天敌的手段。当遇到敌人时，它们会以强壮的尾巴支撑身体，然后抬起强有力的两条后腿用力地猛蹬敌人的腹部。此外，它们还是“拳击高手”，有力的“拳头”常令敌人苦不堪言。如果敌人过于强大，袋鼠也不会恋战，它们会飞速地逃跑。

饮食特性：植食性动物，以多种植物为食，有的还吃真菌类。

繁殖特点：每年生产 1~2 次，孕期为 30~40 天，哺乳期约为一年。小袋鼠刚出生的时候没有视觉，生下来之后立即被移放在育儿袋里面。

常常前肢举起，后肢坐地，采取以跳代跑的方式行动

所有雌性袋鼠都长有前开的育儿袋，育儿袋里有 4 个乳头

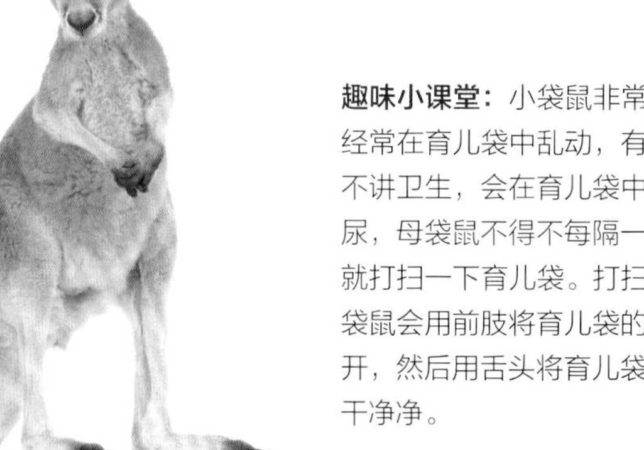
眼大

趣味小课堂：小袋鼠非常顽皮，经常在育儿袋中乱动，有时候还不讲卫生，会在育儿袋中拉屎拉尿，母袋鼠不得不每隔一段时间就打扫一下育儿袋。打扫时，母袋鼠会用前肢将育儿袋的袋口撑开，然后用舌头将育儿袋舔得干干净净。

孕期：30~40 天 | 社群习性：群居或独居 | 保护级别：无危 | 体形大小：身高约 2.6 米，体重约 80 千克

野兔

兔形目、兔科、兔属

野兔敏捷，胆小，善于奔跑。头小，耳朵比家兔小很多，比穴兔耳朵稍长，耳尖呈黑色。野兔毛较长，质地蓬松柔软。体被棕土黄色皮毛，毛色暗淡，夹杂星点黄色，背脊有不规则的黑色斑点。腹毛为土黄色、浅棕色或白色，其余部分是深浅不同的棕褐色。四肢细长，后肢比家兔长，强健有力，奔跑起来速度极快。

分布区域：广泛分布于欧洲、亚洲、非洲及北美洲地区。

栖息环境：喜欢生活在有水源的混交林内或草原地区的沙土荒漠区，尤喜栖于多刺的杨槐幼林中。

生活习性：野兔一般单独活动或成对生活，依靠快速奔跑来逃避危险，时速可以达到 50 千米。喜欢栖息在干燥的灌木丛里，深夜会顺着山上小路到山脚、果园进食。野兔全身几乎没有脂肪。野兔生性机敏，奔跑速度快，善于隐藏，不动时，毛发可与周围的杂草融为一体，就算在 1 米以内也很难察觉它的存在。野兔仿佛知道自己拥有这种“隐身”能力，因此，总是出其不意地从人的脚下蹿出。

饮食特性：两天进食一次，食物以野草、树叶为主，但更多的是随栖息地环境而定。

繁殖特点：孕期约 40 天，每年在隐蔽的兔窝里产仔 3~4 胎，每胎为 5~6 只。

孕期：约 40 天 | **社群习性：**独居或成对 | **保护级别：**无危 | **体形大小：**体长 35~43 厘米，尾长 7~9 厘米

跳兔

啮齿目、跳兔科、跳兔属

跳兔的后肢粗壮有力，跳跃高度可达 2 米，故而得名。虽名为“跳兔”，但却与兔子并不相像，看起来更像松鼠。跳兔颈部肌肉发达，头颅短，眼睛很大，耳朵较长，后肢有四趾，爪似蹄，较前肢长。跳兔毛很浓密，薄且柔软，下层绒毛很短，毛色多不相同，红褐色至淡灰色，尾巴末端呈黑色。跳兔在正常情况下用四肢爬行，只有在危险临近，如遭遇豹、狮等食肉动物的袭击时，才会利用跳跃的方式逃跑。

分布区域：分布于安哥拉、莫桑比克、纳米比亚、南非、赞比亚、津巴布韦等地。

栖息环境：栖息在干燥的稀树草原和荒漠、半荒漠地带。

生活习性：跳兔通常为群居动物，不同时间会住在不同的巢穴中，并可能会制造三个绕圈巢穴，领土是在巢穴的 25~250 米范围之内，干旱的时候会扩大领土范围。主要出没于夜间，有时也在白天活动。它们像袋鼠一样可用后肢跳跃，受惊时会逃回自己的巢穴。

饮食特性：主要以植物为食，喜食大麦、小麦以及燕麦，偶尔也食昆虫。

繁殖特点：跳兔全年都可以生育，孕期为 78~82 天，每胎只产一仔，刚出生的幼仔身上已长有绒毛。

孕期：78~82 天 | **社群习性：**群居 | **保护级别：**无危 | **体形大小：**体长 35~45 厘米，尾长 37~48 厘米

土狼

食肉目、鬣狗科、土狼属

土狼体形较小，外形与鬣狗相似，耳大吻尖，前臼齿2枚，小而尖，臼齿退化，仅1枚，不适于强力咀嚼肉类。雌性个体明显大于雄性，肩高臀低，从头后到臀部的背中线具有长鬣毛，颜色从浅黄到棕红色。全身覆盖着浓密的棕色针毛，体侧和四肢有棕褐色条纹，前腿长于后腿，尾毛长而蓬松。

分布区域：分布于非洲撒哈拉沙漠以南的较开阔地区，南至南非共和国境内。

栖息环境：栖息在石砾荒漠和半荒漠草原、低矮的灌丛等地。

生活习性：土狼为群居动物，由一雌一雄组成一个家庭，共同抚育幼仔。对付敌人的方法也很奇特，先是闭口以隐蔽自己的牙齿，然后再竖起全身的毛发，增大身体体积，使自己看起来高大强壮，以此来吓退敌人。如若不奏效，还会从肛门处喷出臭液，从而威胁敌人。常栖息在土豚废弃的洞穴中，白天休息，夜晚活动、觅食。

饮食特性：除进食一些柔软的腐肉、鸟卵外，仅以昆虫为食，主要食物是白蚁。

繁殖特点：发情期为6月下旬，孕期为90天，通常每胎产4仔。

孕期：90天 | **社群习性：**群居 | **保护级别：**低危 | **体形大小：**体长55~80厘米，尾长20~30厘米

小犰狳

又称南美犰狳

有甲目、犰狳科、小犰狳属

小犰狳耳朵很小，头甲为深褐色，背甲坚硬。大部分皮肤覆盖着一层盔甲骨板以及坚硬的角质皮肤，甲壳边缘锯齿状，呈深褐色，尾巴、腹部偏黄。背部柔软的皮肤上覆盖着黄色的粗鬃毛。四肢有力，爪子极为锋利。

分布区域：分布于南美洲阿根廷草原的中部和南部区域。

栖息环境：栖息在半沙漠地带和干燥草原地区。

生活习性：小犰狳为独居动物，白天休息，夜晚活动、觅食。有冬眠的习性，且冬眠的地点很隐秘，其他动物很难找到它们，当春天来临，它们就会从冬眠中苏醒。它们的洞穴较狭窄，或自然形成，或自己挖掘，洞口一般会隐藏在较隐蔽的地方，洞里则铺上柔软的树叶和干草，以便休息。

饮食特性：主食无脊椎动物，偶尔也吃植物和小型蜥蜴。

繁殖特点：小犰狳一胎产1~2仔，偶见3仔，幼仔出生6周后完全断奶，并离开洞穴，在9个月到1年后开始繁衍。

孕期：40~120天 | **社群习性：**独居 | **保护级别：**近危 | **体形大小：**体长26~33.5厘米，尾长10~14厘米

美洲旱獭

又称土拨鼠、北美土拨鼠
啮齿目、松鼠科、旱獭属

美洲旱獭身体粗壮，腹部几乎触到地面，锥形头，耳圆，毛多而厚。腿较短，但健壮有力，前足有四趾，有拇趾痕迹，后足有五趾，足掌裸露，足呈黑色，尾粗壮。身体生有软绒毛，也杂有粗长毛，体色多样，多为各种深浅不一的棕色。

分布区域： 分布于美国的中、东部地区和阿拉斯加，以及加拿大。

栖息环境： 栖息在石壁、开阔的田野和林地边缘。

生活习性： 美洲旱獭是群居动物，并且具有一定的领地意识，会通过叫声来宣告“领地权”，虽然相邻的群体之间有时会发生边界之争，但如果遇到危险，这些不同群体也会“有难同当”，共同防御敌人。它们有冬眠的习性，为了储存脂肪以过冬，通常在夏天需要大量进食。它们善于挖掘，所挖的洞穴不仅有总入口和专供逃跑的隧道，还会根据自然地形分成若干个区。

饮食特性： 主要以低矮的绿色植物为食。

繁殖特点： 美洲旱獭的孕期约为30天，生育期为5—6月，每胎产4~5仔，多的可达7~8只。幼仔几个月之后便与父母分离。

趣味小课堂： 美洲旱獭爬树及灌木丛时比较笨拙，如果发现有适合晒太阳的地方，便会一直待在那里，一动不动持续几小时。

孕期： 约30天 | **社群习性：** 群居 | **保护级别：** 无危 | **体形大小：** 体长42~51厘米，尾长10~15厘米，体重2~6千克

黄鼠

又称蒙古黄鼠、草原黄鼠、大眼贼
啮齿目、松鼠科、黄鼠属

黄鼠身材娇小，眼大突出，俗称“大眼贼”。眼眶周围有一白环毛圈，口内有发达的颊囊，颌部为白色，耳郭小，短小脊状，黄灰色。爪尖利呈黑色。体毛淡黄色，爪为黑色。头部毛比背毛色深，背部呈深黄色和褐黑色，颈、腹部为浅白色。尾短，呈黄褐色毛束，末端毛有黑白色的环。色泽因地区、年龄、季节而不同。

分布区域： 分布于中国的东北地区以及山西、内蒙古、陕西、甘肃、青海、河北、河南等地。

栖息环境： 栖息在半荒漠草原、草原以及山地草原。

生活习性： 黄鼠为群居动物，喜温暖，忌寒冷，一般在白天活动。善于挖洞，挖掘能力很强，洞穴多选择隐蔽的荒草坡及多年生草地处。它们的视觉、嗅觉、听觉都非常灵敏，记忆力也很好，警惕性非常高。
一年之中半年活动，半年休眠。

饮食特性： 以草本植物的绿色部分、草根、农作物的幼苗和某些昆虫的幼虫为食。

繁殖特点： 黄鼠一年繁殖一次，春季交配，孕期约为28天，每胎产6~8仔。哺乳期为24天。

孕期： 约28天 | **社群习性：** 群居 | **保护级别：** 低危 | **体形大小：** 体长12~25厘米，体重0.2~0.4千克

澳洲野犬

又称澳大利亚野犬、澳洲野狗、澳大利亚野狗
食肉目、犬科、犬属

澳洲野犬体形中等，雄性比雌性高大。动作敏捷，奔跑速度较快，耐力更是惊人。在数千年前被人类带到澳大利亚，是那里体形最大的食肉动物。其皮毛颜色丰富，为典型的沙质色，包括金色、红色、褐色以及乳白色，还发现过纯黑色和纯白色，外貌和普通家犬很像。脚和尾巴尖颜色较淡。

分布区域： 主要分布于澳大利亚和新几内亚岛，也有部分群落分散在东南亚一些地区。

栖息环境： 栖息在热带森林、草原、沙漠、高原等地。

生活习性： 澳洲野犬是群居动物，由 3~12 只组成一个群，领地意识较强，一般由一对占绝对优势的夫妇领导，拥有严格的等级制度，群体占据 10~20 平方千米的领地。正午炎热时休息，晨昏凉爽时出来活动。天敌主要是人类、家犬、鳄鱼。

饮食特性： 以小型哺乳动物，以及袋鼠、绵羊、鸟类、巨蜥等为食。

繁殖特点： 繁殖时间根据纬度和季节而定，澳大利亚种群的发情期为 3—4 月，亚洲种群的发情期为 8—9 月。孕期约为 63 天，每胎可产 1~10 仔，一般为 4~5 仔。哺乳期为 2 个月。3~4 个月大的时候可以独立活动。

种群现状： 只有在国家公园和保护区内，澳洲野犬才会得到保护，在其他地区，人们一般将它们当作害兽对待。尽管现在澳洲野犬没有灭绝的危险，但它们能与家犬杂交，因此纯种种群数量不断减少。如今在澳大利亚，澳洲野犬保护协会已经成立，其主要工作便是保护并繁育纯种澳洲野犬。

孕期： 约 63 天 | **社群习性：** 群居 | **保护级别：** 易危 | **体形大小：** 体长 81~111 厘米，尾长约 31 厘米，肩高 40~65 厘米

亚洲胡狼

又称亚洲豺、普通金豺
食肉目、犬科、犬属

亚洲胡狼为国家一级保护动物。它们的行为与家犬类似，喜欢追逐猎食。毛长且光滑，通常呈黄色、淡金色、淡黄色或棕色，一般雨季颜色深，旱季则颜色浅。尾巴长而蓬松。耳尖且直立，听觉发达。前足 4~5 趾，后足一般 4 趾，爪粗而钝，约 2 厘米长。四肢修长，有利于快速奔跑。鼻端突出，嗅觉灵敏。

耳尖且直立，听觉发达

鼻端突出，嗅觉灵敏

四肢修长，有利于快速奔跑

前足 4~5 趾，后足一般 4 趾，爪粗而钝，约 2 厘米长

分布区域： 分布于亚洲的东部、西部以及南部，包括伊拉克、伊朗、巴基斯坦、印度、塔吉克斯坦、吉尔吉斯斯坦、哈萨克斯坦和土耳其等。

栖息环境： 栖息在干燥空旷的地区，包括稀树草原、半沙漠和沙漠地区。

生活习性： 亚洲胡狼是群居动物，合作狩猎的成功率是个体狩猎的 3 倍，因此它们经常合作狩猎。虽然它们身材较小，但奔跑速度较快，尤其善于长距离奔跑。每个群体都有自己的领土范围，达 2~3 平方千米，群体成员会共同保卫领土。在群体中，它们会照顾同伴，这种互助行为有利于群体发展。它们是优秀的捕猎者，但通常不会捕捉体形较大的动物，只是有时会捡食狮子的“剩饭”，并且还会储存食物。

饮食特性： 以食草动物及啮齿动物等为食，有时候也会偷吃甘蔗、玉米。

繁殖特点： 在亚洲南部的种群全年都可以繁殖，一对亚洲胡狼可以繁殖 8 年。孕期约为 63 天，每胎可产 1~9 仔，通常为 2~4 仔，哺乳期为 8 周。幼仔 3 个月可以开始吃固体食物，群体成员一起抚育幼仔。

孕期：约 63 天 | 社群习性：群居 | 保护级别：无危 | 体形大小：体长 60~110 厘米，尾长 20~30 厘米

非洲野犬

又称非洲猎犬、三色豺、非洲野狗
食肉目、犬科、非洲野犬属

非洲野犬的毛发短而稀疏，毛色奇特，布满黑色、黄色、白色和红棕色的斑纹。与斑马一样，每只非洲野犬身上的斑纹都是独一无二的，可以通过斑纹来分辨不同的个体。非洲野犬两性体形大小差别不大，雄性略大于雌性。它们耳朵大且圆，平时竖立在头顶。腿部较长，且肌肉发达，每只脚都有 4 个脚趾。非洲野犬是唯一前肢无爪的犬科动物。

毛皮短而稀疏，有的地方甚至光秃秃的，毛色较杂乱

腿部较长，且肌肉发达，每只脚都有 4 个脚趾

头部的色调比较深

尾巴上有白色的毛

身体纤瘦

共有 42 枚牙齿，前臼齿较大，可磨碎大骨头，类似鬣狗

耳朵又大又圆，平时竖立在头顶，非常显眼

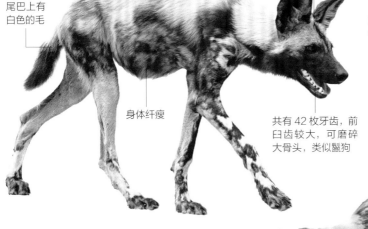

前肢无爪

分布区域： 分布于非洲东部和南部地区。

栖息环境： 栖息在草原、稀树林地以及开阔的干燥灌木丛，甚至还出现在撒哈拉沙漠南部的多山地带，但从不到密林中活动。

生活习性： 非洲野犬为群居动物，通常雄性是群体的核心，群体由雄性首领带领在领地内合作捕猎，可捕食羚羊、斑马等远大于自己的大型猎物。如果发现猎物，它们会紧紧追逐，最高时速可达 45 千米，直至追到猎物为止。它们善于协作，会共同哺育群体中的幼仔，也会照顾生病或受伤的同伴。

饮食特性： 以中等体形的有蹄动物为食，比如高角羚。

繁殖特点： 群体中雌性首领不允许其他雌性繁殖，甚至会夺走其他雌犬的幼仔。全年都可以繁殖，高峰期为 3—7 月。孕期约为 70 天，每胎产 2~20 仔。哺乳期为 10 周。群体中的雌性野犬会轮流看护幼犬，3 个月后幼犬开始外出活动。

趣味小课堂： 非洲野犬之间通过各种不同的方式，包括嗅觉、声音和姿势进行沟通。它们有非常强烈的气味，这样可以方便其他成员找到同伴。两只野犬走近时，会发出“咕咕”的声音，彼此之间还会用咆哮来表达对对方的愤怒。

孕期：约 70 天 | 社群习性：群居 | 保护级别：濒危 | 体形大小：身长 85~141 厘米，尾长 30~45 厘米

棕鬣狗

又称褐鬣狗
食肉目、鬣狗科、鬣狗属

棕鬣狗是最珍贵的一种鬣狗，具有极强的环境适应能力。体毛很长，主要呈棕褐色，也有灰色、红色等毛色。毛发粗糙而蓬松，从颈背部至臀部都有发达的鬣毛，激动时鬣毛会高高耸起。四肢外侧有横行的棕褐色与白色相间的条纹，尾巴比狗的尾巴稍短，颜色较身体其他部位更深。

体毛很长，粗糙而蓬松，从颈背部至臀部都有发达的鬣毛，激动时鬣毛会高高耸起

额宽

尾巴比狗的尾巴稍短，颜色较身体其他部位更深

耳长

四肢外侧有横行的棕褐色与白色相间的条纹

分布区域： 分布于非洲的南非、莫桑比克、津巴布韦、赞比亚、博茨瓦纳、纳米比亚和安哥拉等地。

栖息环境： 栖息在热带和亚热带的稀树草原和荒漠地带。

生活习性： 棕鬣狗为群居动物，具有组织严密的社会体系，雌性在群体中占据优势地位。它们拥有敏锐的视觉、听觉及嗅觉，主要依靠嗅觉来加强个体之间的联系。虽然它们给人以凶狠、丑恶的印象，但其实它们的性格较为胆怯。它们一般白天休息，夜晚活动、觅食，如果被捕猎者追击，还会装死以逃生。

饮食特性： 食性很杂，主要以动物腐肉为食，有时也吃一些小动物及瓜果、蔬菜等。

繁殖特点： 棕鬣狗没有固定的繁殖季节，雄性通过摇尾巴来向雌性求爱。孕期为 3~3.5 个月，每胎产 1~4 仔。幼仔刚生下来就可以睁开眼睛，3~4 周之后就可以到地面活动了。幼仔 3 岁时即达到性成熟。

趣味小课堂： 棕鬣狗可以发出十多种叫声，这十分重要，因为它们在夜间活动时可以通过不同的叫声来加强成员间的联系。这些叫声常常令人感到毛骨悚然，尤其在找到食物，或发情的时候，它们会发出可怕的叫声，让人听起来很不舒服。

孕期：3~3.5 个月 | 社群习性：群居 | 保护级别：近危 | 体形大小：体长 110~125 厘米，尾长 25~35 厘米

跳羚 偶蹄目、牛科、跳羚属

跳羚面部和鼻部呈白色，从眼角至嘴角有一条红棕色的条纹，身体上部为明亮的肉桂棕色，身体下部为白色，腰窝有巧克力棕色的宽条纹，细小的尾巴在末端处有一簇黑色的毛发。跳羚体质强壮，长腿适合长跑。脚有 4 个脚趾。雌性和雄性的头上都有角，呈黑色，上面有环棱。

身体上部为明亮的肉桂棕色

身体下部为白色

分布区域：分布于非洲南部的安哥拉、纳米比亚、博茨瓦纳和南非。

栖息环境：栖息在热带稀树草原，喜欢干燥和开阔的环境。

生活习性：跳羚为群居动物，干旱的季节为了寻找新的草地，它们会长距离迁移。善于跑跳，奔跑时速可达 94 千米，而跳跃高度最高可达 3.5 米，跳跃距离最远可达 10 米。遇到危险时，它们通常会以跳跃的方式扰乱敌人视线，以躲避敌害。

饮食特性：食性广泛，主要以草类和灌木为食，如果有足够的青草，可以不饮水。

繁殖特点：跳羚在每年的 5 月发情和交配，孕期为 5~6 个月，生产高峰期为 10—11 月。每胎产一仔，哺乳期为 5~6 个月。雌性产仔间隔时间通常为 2 年。

趣味小课堂：交配季节，雄跳羚会结伴寻找伴侣，雌跳羚则待在有自己后代的群体中等待交配。在跳羚群体中，少数雄性占主导地位，其他雄性地位较低，这是因为它们要么年纪太小或太大，要么在各种争斗中被打败了。

孕期：5~6 个月 | 社群习性：群居 | 保护级别：无危 | 体形大小：体长 120~150 厘米，肩高 68~90 厘米

非洲水牛

又称非洲野牛、非洲野水牛
偶蹄目、牛科、非洲水牛属

非洲水牛身躯高大，四肢粗壮，可经常在非洲草原上见到。头大角长，雄性的角会像盾牌一样覆盖在头顶。身体覆盖稀疏的黑毛，头顶的毛发附着在耳朵上。尾巴长，在尾尖处有毛发流苏。雄性体形大于雌性，角也更大。

头大角长，角粗大而扁，并向后方弯曲

身体全长约3米，肩高1.5~1.8米

耳朵大而下垂

四肢粗壮

身体覆盖稀疏的黑毛

雄性的角会像盾牌一样覆盖在头顶

头额部狭长

蹄大，质地坚实，耐浸泡

分布区域： 分布于撒哈拉以南的非洲大部分地区。

栖息环境： 栖息在沼泽、平原以及草场和森林。

生活习性： 非洲水牛为群居动物，性情暴躁，极具攻击性，受伤、落单或带着幼仔的母牛尤其具有攻击性。如果遇到危险，群体通常会把母牛和幼仔围在中间保护，之后由一头成年雄性带领数十头雄性，组成大方阵冲向敌人，时速高达 60 千米。在这样的力量和速度下，可将各种物体踏成平地，因此，就算是狮子也不会轻易招惹它们。它们是夜行性动物，白天通常待在阴凉处或者浸在水池里，凉爽的夜晚开始进食。不会远离水源。

饮食特性： 属植食性动物，以草、叶子和水生植物等为食。

繁殖特点： 非洲水牛的交配和分娩都在雨季，母牛通常在 5 岁生下第一胎，公牛大概在 7 岁开始交配。发情期为 3—5 月，孕期约 11 个月，哺乳期约 15 个月。小牛出生不久之后就可以自己走动，被保护在群体中，但是其夭折率高达 80%。

孕期：约 11 个月 | 社群习性：群居 | 保护级别：近危 | 体形大小：身长约 3 米，肩高 1.5~1.8 米

草原西貒

偶蹄目、西貒科、草原西貒属

草原西貒具有猪的特征，吻部粗糙且坚韧，鬃毛为褐色至灰色，肩上有白毛。它们的耳朵、吻部较长，口周围有白毛。它们有 2 枚上门齿和 3 枚下门齿，上下各有 1 枚犬齿、3 枚前臼齿和 3 枚臼齿，上犬齿朝下。它们的鼻窦非常适合在干旱的环境生活。后脚有 3 趾，尾巴较长。

分布区域： 分布于巴拉圭、玻利维亚和阿根廷。

栖息环境： 栖息在炎热、干旱的草原。

生活习性： 草原西貒为群居动物，成约 10 只的小群聚居，白天活动。群族会环形迁徙，大概 42 天后回到原地，以监视自己的地盘。族群通过组成一堵墙来保护自己，它们会通过背部的腺体分泌一种乳状、有气味的物质，以此在树上做记号。它们通过不同的叫声比如咕噜声和用牙齿发出的嗒嗒声来沟通，一般没有攻击性。喜欢在泥地中打滚，会在特定地点排泄。

饮食特性： 主要吃较为粗糙的植物，如仙人掌等，有时也会吃凤梨科植物的根、金合欢的荚果及仙人掌花。

孕期：未知 | 社群习性：群居 | 保护级别：濒危 | 体形大小：肩高 52~69 厘米，体重 29.5~40 千克

非洲野猪

偶蹄目、猪科、非洲野猪属

非洲野猪形体像家猪，但脸长，吻部较尖。四肢略短，尾巴细长。雄性的犬齿发达，呈獠牙状。非洲野猪的体色变异大，毛色呈砖红至黑灰色，头顶到脊背有一条浅色毛。

分布区域： 分布于撒哈拉以南地区和马达加斯加岛。

栖息环境： 栖息在林地及潮湿草原。

生活习性： 非洲野猪群居生活，白天休息，夜间活动，性情凶猛，善于游泳。

饮食特性： 杂食性动物，以植物枝条、蕨类、农作物为食，也吃动物性食物。

繁殖特点： 繁殖季节为 9 月至次年 4 月，每胎产 1~2 仔，哺乳期为 2~4 个月。

孕期：120~127 天 | 社群习性：群居 | 保护级别：无危 | 体形大小：体长 100~150 厘米，体重 50~130 千克

印度犀

又称独角犀、大独角犀
奇蹄目、犀科、独角犀属

印度犀是一种最原始的犀牛，皮肤硬，呈深灰带紫色，有铆钉状的小结节。印度犀的肩胛、颈下和四肢关节处有褶缝，看起来像穿了一件盔甲。皮褶处的皮肤细嫩，容易被蚊虫叮咬，所以它们几乎整天都待在泥地里。印度犀的鼻子上有单角，可以长到 60 厘米，雄性的角又粗又短，十分坚硬。

分布区域： 分布于尼泊尔、巴基斯坦、不丹和印度等地。

栖息环境： 栖息在高草地、灌木林、芦苇地和沼泽草原地区。

生活习性： 印度犀为独居动物，在清晨和傍晚觅食，游泳技能很好。奔跑时速可达 55 千米。视力较差，但听觉和嗅觉都极佳。它们性情暴躁，有攻击性，敢于攻击小个体的亚洲象。成年雄性松散地保卫领地，用高达一米的粪堆标记领地。

饮食特性： 食草动物，一次可以吃下 23 千克植物，主要以草、芦苇和细树枝等为食。

繁殖特点： 雌性在 5~7 岁性成熟，雄性大约在 10 岁达到性成熟。每胎产一仔，哺乳期为 18 个月。繁殖周期间隔约 3 年。

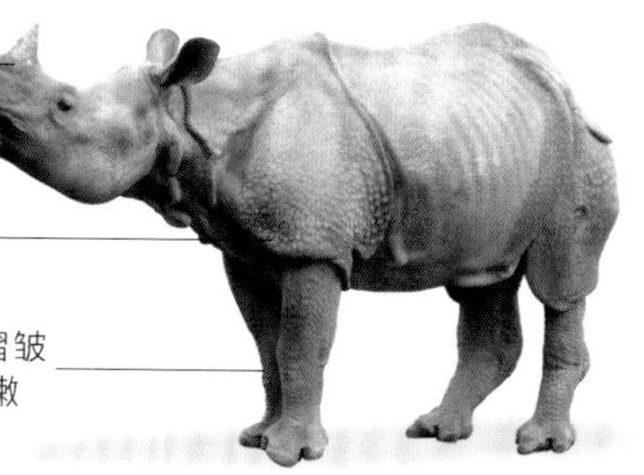

孕期：16 个月 | 社群习性：独居 | 保护级别：易危 | 体形大小：体长 2.1~4.2 米，尾长 60~75 厘米，肩高 1.1~2 米

细纹斑马

又称狭纹斑马、细斑马、格氏斑马
奇蹄目、马科、马属

细纹斑马是三种斑马中体形最大的，身上有黑褐色和白色相间的条纹，细密秀美，非常好看，在阳光的照耀下显得斑斑驳驳。细纹斑马的斑纹和间距窄小，颈部的较宽，下腹部以及尾根部没有斑纹。

分布区域： 分布于非洲的肯尼亚和埃塞俄比亚。

栖息环境： 栖息于炎热、干燥的草原和沙漠地区。

生活习性： 细纹斑马为群居动物，通常成 10 只的小群，群体紧凑、不松散，成年公斑马以独居为主，领地范围为 2~12 平方千米。在栖息范围内，群体会沿着较固定的路线进行迁徙。有领地意识，用粪便作为领地的标记，母细纹斑马只和领地内的公斑马交配。它们生性谨慎，视力很好，可以同时看见远处和近处的东西。听觉敏锐，进食的时候会竖起耳朵，防止天敌偷袭。

饮食特性： 以草为主，也吃水果、灌木和树皮。

繁殖特点： 全年都可以繁殖，高峰期为 8—9 月。每胎产一仔，哺乳期为 6 个月。幼仔出生不久就可以站立和走路。

孕期：11~13 个月 | 社群习性：群居 | 保护级别：濒危 | 体形大小：体长 2.5~2.75 米，尾长 38~75 厘米

郊狼

又称丛林狼、草原狼、北美小狼
食肉目、犬科、犬属

郊狼体形中等，四肢修长，头部和身体的比例介于狐狸和狼之间。耳朵竖直，尾巴下垂，这和家犬不同。郊狼的毛色多样，通常呈斑驳的灰色，或者褐色和灰色混合的颜色，背部的毛色较深，喉头和腹部的颜色较浅，外耳和腿脚偏黄，下体呈灰色或白色。

分布区域： 分布于北美大陆。

栖息环境： 栖息环境广泛，包括草原、苔原、丘陵、森林以及冻土带等地区。

生活习性： 郊狼一般单独捕猎，偶尔也会组小群活动，主要在夜晚活动。可以自己挖洞，但更喜欢占据土拨鼠和美洲獾的洞。会游泳，不善于攀登。善于跑跳，奔跑时速可达 65 千米，可以跳 4 米远。通过嗥叫和气味传达信息。

饮食特性： 主要以食草动物及啮齿动物为食，有时也食腐肉。

繁殖特点： 郊狼每年只有一个发情期，雄性和雌性会选择一片领土，建巢穴，雌性怀孕期间，它们一直生活在一起。每胎产 2~12 仔。哺乳期约为 35 天。幼仔刚生下来时大约重 250 克，10 天左右睁开眼睛，21~28 天可以走出洞穴。

孕期：约 63 天 | 社群习性：独居或群居 | 保护级别：低危 | 体形大小：体长 70~97 厘米，肩高 45~53 厘米

狐鼬

食肉目、鼬科、狐鼬属

狐鼬体形中等，尾长 45 厘米左右，体毛呈深褐色或黑色，胸部有一浅色块，头部稍显苍白，喉头有白色的金刚石状斑纹。爪子较长，叫声如犬吠般。

分布区域： 分布于墨西哥南部到玻利维亚和阿根廷北部地区。

栖息环境： 栖息在海拔 2400 米以下的干旱湿润森林和林地，以及草原和稀树草原。

生活习性： 狐鼬独居或成对生活，有时会组成 3~4 只的小群。在地面和树上活动，跳跃和奔跑能力很好。遇到危险时会发出短促的咆哮，然后寻找最近的树爬上去以避险。

饮食特性： 食性杂，最喜欢吃小型哺乳动物，也吃果子。

繁殖特点： 狐鼬发情期一般在 3—7 月，每年繁殖一次，每胎产 2~3 仔。哺乳期为 2~3 个月，幼仔的眼睛在 35~58 天睁开。

孕期：63~70 天 | 社群习性：独居或成对 | 保护级别：未知 | 体形大小：体长 55.9~71.2 厘米，尾长 36.5~47 厘米

貉

又称貉子、椿尾巴、毛狗
食肉目、犬科、貉属

貉是国家二级保护动物，体形短而肥壮，介于浣熊和狗之间。貉的体色呈乌棕色，脸部有一块黑色的“面罩”，吻部呈白色，眼周呈黑色。颊部覆有环状长毛，背部呈浅棕灰色，前部有一交叉图案。胸部呈暗褐色。四肢短，呈黑色。尾粗短，覆有蓬松的毛，尾部毛尖呈黑色。

分布区域：分布于中国、日本，以及欧洲的北部和东部地区。
栖息环境：栖息于草原、平原、丘陵以及部分的山地。
生活习性：貉独居或成 3~5 只的小群，结群的时候以家庭为单位，成对觅食。通常白天在洞里休息，夜间出来活动。生性温驯，行动没有豺、狐敏捷，能攀登树木及游泳。分布在北方的貉，冬季在洞中睡眠不出。不同于真正的冬眠，它们在融雪天气也出来活动。此冬季睡眠的习性在犬科中是独有的。
饮食特性：食性杂，主要以小动物为食，包括啮齿类动物、鸟、鱼、虾、蟹、昆虫等，也食浆果、真菌、谷物等。
繁殖特点：一雄配多雌，交配期为 2—3 月，5—6 月产仔，每胎产 5~12 仔。幼仔当年秋天就可以独立生活。

背部毛呈浅棕灰色，混杂黑色毛尖
头部轮廓扁平
体形小，四肢短，外形像狐狸

孕期：52~79 天 | 社群习性：独居或成小群 | 保护级别：无危 | 体形大小：体长 45~66 厘米，尾长 16~22 厘米

黄鼬

又称黄鼠狼、黄狼、黄皮子
食肉目、鼬科、鼬属

黄鼬体形中等，身体细长。皮毛呈棕黄或橙黄色。头骨狭长，顶部平缓。颈部较长，耳短而宽。尾巴长度是体长的一半，冬季尾毛长且蓬松，夏秋季节尾毛稀薄。四肢较短，脚都有 5 趾。

分布区域：分布于中国、泰国、俄罗斯等地。
栖息环境：栖息在草原、山地、平原、河谷等地带。
生活习性：黄鼠狼为独居动物，夜行性，清晨和黄昏活动最为频繁，有时也在白天活动。善奔走，可以贴伏地面前进、钻缝隙，也善于游泳、攀树。嗅觉灵敏，但视力较差。黄鼬的警觉性比较高，时刻保持着戒备状态。除繁殖期外，一般没有固定的巢穴。
饮食特性：食性杂，主要以小型哺乳动物为食。
繁殖特点：每年 3—4 月发情交配，孕后期的雌兽行动缓慢。通常 5 月产仔，每胎产 2~8 仔。幼仔全身被白色胎毛，双眼紧闭。

体形中等，身体细长
颈部较长，耳短而宽
冬季尾毛长且蓬松，夏秋季节尾毛稀薄

孕期：33~37 天 | 社群习性：独居 | 保护级别：无危 | 体形大小：体长 28~40 厘米，尾长 12~25 厘米

美洲獾

食肉目、鼬科、美洲獾属

美洲獾是北美洲比较常见的动物，雄性比雌性体形略大。四肢短粗，躯体扁平、肥胖，头部呈楔形，颈部粗短，肩膀结实，前腿较强壮，前爪弯曲，趾呈蹼状，擅长挖土。美洲獾体色呈灰色，体毛细长，体侧毛长于背部毛。面部有白色斑纹，中间有一条白色斑纹从鼻尖直达肩部。喉部呈白色，背部呈浅灰色，下体呈淡黄色或黄褐白色，四肢呈棕色，足部呈黑色。

分布区域：分布于加拿大、美国、墨西哥的大部分地区。

栖息环境：主要栖息在开阔草原和稀树草原。

生活习性：美洲獾为独居动物，夜行性，晨昏的时候觅食和活动，有半冬眠习性。它们虽然体形不大，但非常凶猛，能够对抗比它大两三倍的猎狗或郊狼。掘穴本领很强，它们的窝可以深达 3 米。美洲獾生命里的多数时间会待在洞穴里。

饮食特性：属杂食性动物，主要以啮齿动物等小型哺乳动物为食，有时也吃腐肉。

繁殖特点：每年 8—9 月交配，但受精卵直到次年冬季才开始发育。4—5 月分娩，每胎产 1~5 仔，哺乳期为 2~3 个月。

孕期：约 6 周 | 社群习性：独居 | 保护级别：无危 | 体形大小：体长 52~87 厘米，尾长 10~16 厘米，体重 4~12 千克

黑马羚

偶蹄目、牛科、马羚属

黑马羚是津巴布韦的国兽，明显特征是又大又弯的角，雄羚角长 80~165 厘米，雌羚角长 60~100 厘米。雄羚体态十分优美，颈部强壮有力，颈背的毛发直立，四肢很稳健，可以从外表看出有力的感觉。黑马羚的体毛短而粗糙，雄羚体色通常为深灰色或黑色，雌羚和幼羚通常为栗色。部分雌羚成熟之后体色为棕黑色。黑马羚的眉和嘴鼻部有白色条纹，腹部和臀部为白色。

分布区域：分布于非洲。

栖息环境：栖息在热带灌木林和热带草原。

生活习性：黑马羚为群居动物，在良好的栖息地，族群数量可达 30~75 只，由 5 只雄羚带领。雨季的时候，族群会分成几个小群体，旱季的时候再组成大群体。黑马羚会一直迁移，旱季，黑马羚族群会在同一片草地停留长达一个星期，只会在饮水或避阳时离开一段时间。

饮食特性：植食性动物，吃草和树叶。

繁殖特点：每年只有一个发情期，繁殖期为 5—7 月，6 月是交配高峰期。幼仔通常在雨季结束的时候出生，哺乳期为 6 个月。

孕期：8~9 个月 | 社群习性：群居 | 保护级别：无危 | 体形大小：体长 190~255 厘米，肩高 117~143 厘米

麋鹿

又称四不像

偶蹄目、鹿科、麋鹿属

麋鹿是世界珍稀动物，国家一级保护动物。它们的头脸像马、角像鹿、蹄子像牛、尾像驴，所以又称“四不像”。麋鹿头较大，吻部狭长，鼻端裸露的部分较宽大。麋鹿的角较长，每年 12 月脱角一次。雌麋鹿没有角。雄麋鹿的角多叉似鹿。它们的尾巴比较长，尾端有黑毛，可以用来驱赶蚊蝇。麋鹿夏毛为红棕色，冬季脱毛后为棕黄色。

分布区域： 原产于中国。

栖息环境： 栖息在平原、沼泽地等地带。

生活习性： 麋鹿为群居动物，比较温顺，性好合群，善于游泳。据人工饲养观察发现，麋鹿奔跑速度比不上梅花鹿和狍子，占群公鹿看到人接近就会逃跑。麋鹿之间为争夺配偶的角斗也比较温和，没有激烈冲撞，角斗时间一般不超过 10 分钟，很少出现伤残现象。

饮食特性： 主要以禾本科、苔类植物，以及嫩草和树叶为食。

繁殖特点： 每年 5 月下旬开始进入发情期，母鹿一般在第二年 4—5 月产仔。小鹿刚落地就可以抬头，母鹿会转身帮幼仔舔舐并吃掉胎衣。幼仔刚出生的时候体重大约 12 千克。

种群现状： 麋鹿原产于长江中下游的沼泽地带，由于自然气候变化和人类猎杀，在汉朝末年就几乎绝种了。19 世纪时，只剩下 200~300 头被饲养在北京南海子皇家猎苑。1894 年，永定河泛滥，冲毁猎苑围墙，麋鹿跑出被猎杀，此后在中国消失。野生的麋鹿虽然灭绝了，但通过放养，最终在中国重新建立了自然种群。现有麋鹿放养在大丰麋鹿保护区和南海子，生长良好，并繁殖了后代。

孕期：约 270 天 | 社群习性：群居 | 保护级别：野外灭绝 | 体形大小：体长 170~217 厘米，尾长 60~75 厘米

第二章

荒漠哺乳动物

为了适应荒漠干旱的气候条件，
荒漠哺乳动物具有如下显著的特点：
第一，它们从所食的植物和动物中获取水分。
第二，为了能更快地获取食物，
它们的嗅觉往往极其敏锐。
第三，它们的抗热能力极强，
体温比正常水平高 5℃，
这样就避免了因出汗而散失水分。

野驴

又称蒙古野驴、塞驴
奇蹄目、马科、马属

野驴是大型哺乳动物，外形和骡相似，是国家一级保护动物。野驴吻部细长，耳朵长而尖；尾巴细长，尖端的毛较长，呈棕黄色。野驴的四肢刚劲有力，蹄略大于家驴，颈背有短鬃，肩部和背部呈浅黄棕色，背上有一条棕褐色的背线从头顶延伸到尾。颈下、胸部和腹部呈黄白色，与背侧毛色没有明显分界线。

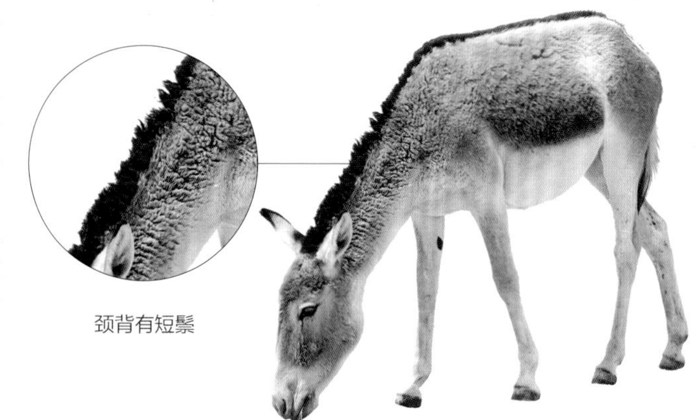

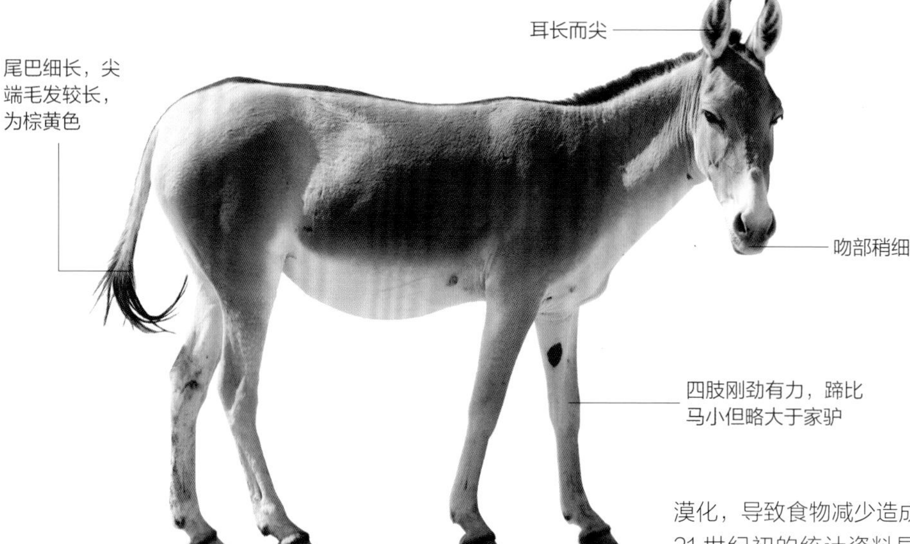

分布区域： 分布于中国的内蒙古、甘肃、新疆，以及蒙古国。

栖息环境： 栖息在海拔约 3800 米的高原开阔草甸、荒漠草原，以及荒漠、半荒漠地带。

生活习性： 野驴为群居动物，集群活动，生性机警，能持久奔跑，会游泳。身体强壮，既耐冷热，又耐饥渴，冬季主要吃积雪解渴。叫声短促、嘶哑，视觉、听觉及嗅觉都很敏锐。

饮食特性： 以禾本科、莎草科以及百合科植物为食。

繁殖特点： 野驴的发情繁殖期为 8—9 月，雄驴之间斗争激烈，胜者获得交配权。孕期约为 11 个月，每胎产一仔。

种群现状： 蒙古野驴现在数量稀少，主要是因人类活动、畜牧业的发展，使得植被退化，环境沙漠化，导致食物减少造成的。据 21 世纪初的统计资料显示，在中国境内，野驴数量已不足万头，形势十分不乐观，野驴保护工作任重而道远。

孕期：约 11 个月 | 社群习性：群居 | 保护级别：濒危 | 体形大小：体长 230~ 260 厘米，肩高 120~140 厘米

非洲野驴

奇蹄目、马科、马属

非洲野驴被认为是驴的祖先，它们的耳朵较长，有黑边，肩部有一道黑色横纹。非洲野驴的身体上有短少平滑的毛，为浅灰色到淡黄褐色。颈部为黑褐色，尾巴尖部有黑色长毛。非洲野驴十分耐热，不怕烈日暴晒，对水源要求不高，适合生活在干旱的地方。

分布区域： 分布于埃塞俄比亚、索马里。

栖息环境： 主要栖息在干旱半干旱的裸岩荒漠地区。

生活习性： 非洲野驴为群居动物，一般成10~15只小群活动，每个群体由一头机警的雌驴带领。成年雄性有领地性，但由于身形问题，它们在领地中不驱赶雄性入侵者，相反，它们还会容忍并把入侵者当成从属。通常活动于晨昏温度较低的时候，正午的时候它们会在阴凉处休息。即使是在粗糙的山石上，它们的行动也迅速敏捷，奔跑时速可以达到50千米。它们还善于爬山。其身体构造能够适应干旱环境，一次能喝很多水，气温过高的时候它们可以在一定范围内改变体温。

饮食特性： 以沙漠植物为食，主要食物为草、树皮及树叶等。肠子较粗，可以从粗糙的食物中摄取很多营养物质。

趣味小课堂： 非洲野驴是一种濒临灭绝的动物，近数十年来未见相关报道。野驴和家马可以杂交，后代生命力强、鸣声似驴，但没有生殖能力。

孕期： 360~370天 | **社群习性：** 群居 | **保护级别：** 濒危 | **体形大小：** 体长200~230厘米，体重200~230千克

沙狐

又称东沙狐
食肉目、犬科、狐属

沙狐为国家二级保护动物。脸短，吻部尖长，耳朵大而尖，耳基部宽阔。沙狐的背部呈浅棕灰色或浅红褐色，胸部到腹部呈淡白色至黄色。四肢内侧呈白色，尾部末端呈灰黑色。夏季的毛色看起来近于淡红色。

耳朵大而尖，耳壳背面为灰棕色

下颌呈白色

胸部到腹部呈淡白色至黄色

尾部毛色与背部相似，末端呈灰黑色

四肢外侧为灰棕色，内侧为白色

四肢相对较短

分布区域：分布于西起伏尔加河流域，向东覆盖中亚的大部分地区，包括阿富汗、中国、印度、伊朗、哈萨克斯坦、吉尔吉斯斯坦、蒙古、俄罗斯、土库曼斯坦、乌兹别克斯坦。

栖息环境：栖息在干草原、荒漠和半荒漠地带，远离农田、森林和灌木丛。

生活习性：和其他狐狸相比，沙狐更喜欢群居，为群居动物。它们经常四处流浪，没有固定的居住区域，在觅食困难的冬季，会结成小型觅食群体向南迁徙。拥有极其敏锐的听觉、视觉及嗅觉，昼伏夜出。善于攀爬，但是攀爬的速度较慢。不善挖掘，挖的洞通常简而不深，因此，它们经常住在旱獭等其他动物遗弃的洞穴中。它们捕捉啮齿动物的时候会先跳起来再扑向猎物，所以猎物很少有机会能够逃脱。

饮食特性：肉食性动物，以啮齿类动物为主要食物，鸟类和昆虫次之。

繁殖特点：沙狐的交配期为 1—3 月，一般在春末夏初生产，每胎产 2~6 仔，最高纪录为 11 只，但非常少见。

孕期：50~60 天 | 社群习性：群居 | 保护级别：无危 | 体形大小：体长 50~60 厘米，尾长 25~35 厘米

胡狼 食肉目、犬科、犬属

胡狼的体形比豺稍小，嘴长而窄，长着 42 枚牙齿。胡狼有 5 种牙齿，分别为门齿、犬齿、前臼齿、裂齿和臼齿。它有 4 枚犬齿，上下各 2 枚，2.8 厘米长，可以刺破猎物的皮。胡狼会吃腐肉，所以胡狼与秃鹫之间经常打斗，但秃鹫仍需要胡狼，因为秃鹫无法自己撕碎兽皮，需要等胡狼扒开死尸的那层硬皮，才会把胡狼挤走。

脚长，脚掌较大，适合长距离奔跑

毛皮从浅灰色到棕褐色，背部色深而腹部色浅

尾毛短而浓密

嘴长而窄，长着 42 枚牙齿

分布区域： 分布于非洲北部、东部，欧洲南部，亚洲西部、中部和南部。

栖息环境： 从极地到热带均可生存，由低海拔的沿海地区到高山地区都有其活动踪迹，但山地、丘陵、荒漠为其主要的栖息地。

生活习性： 胡狼为群居动物，通常一雌一雄结成伴侣，彼此相伴终生。具有一定的领地意识，会用尿液圈划出自己的领地，一般一生都不会改变，在这个领地中，胡狼夫妇足以养大幼狼。胡狼幼仔会在水草肥美、羔羊遍地时出生，充足的食物能够满足幼仔的成长需要。在抚养幼仔时，雌狼和雄狼责任均等、任务相似，如果雌狼外出捕猎，雄狼就在家中照看幼仔。

饮食特性： 以小型哺乳动物、鸟类及爬行动物为食，有时也食用腐肉。

繁殖特点： 胡狼一般在冬季交配，每胎产 1~7 仔。

孕期：约 60 天 | 社群习性：群居 | 保护级别：无危 | 体形大小：身长 70~105 厘米，尾长约 25 厘米

笔尾獴

又称黄獴

食肉目、獴科、笔尾獴属

笔尾獴是一种小型獴科动物。体色一般呈黄色，这种獴的大小、颜色和其分布地区有关，南部的体形稍大，体毛较长，呈黄色或红褐色；北部的较小，体色偏灰。笔尾獴有很重的黑眼圈，可以保护眼睛不被强光刺伤。

分布区域： 分布于非洲的安哥拉、南非、纳米比亚和津巴布韦。

栖息环境： 栖息在半沙漠灌木地区和草原。

生活习性： 笔尾獴为群居动物，成群生活和活动，主要在白天活动。有危险的时候，会发出叫声来警告同伴。

饮食特性： 肉食性动物，一般以昆虫为食，也吃其他的小型哺乳动物。

繁殖特点： 笔尾獴的交配期为每年的 7—9 月，每胎产 2~4 仔，哺乳期为 10 周。

孕期：45~47 天 | 社群习性：群居 | 保护级别：未知 | 体形大小：体长 23~33 厘米，尾长 18~25 厘米

缟獴

又称非洲獴

食肉目、獴科、缟獴属

缟獴是一种机警且灵活的动物，有着强健的身体和尖利的牙齿，搏杀毒蛇本领高强，因此而闻名于世。缟獴全身长满短毛，呈棕灰色，背部有深色的条纹。

分布区域： 分布于非洲中部和东部。

生活习性： 缟獴成 7~40 只的小群居住和活动，会以家族为单位抚养幼仔和照顾年老的家族成员。有领地性，肛腺可以分泌出有强烈气味的液体，用来标记领地。

饮食特性： 主要以昆虫、蜥蜴、鸟与各种老鼠为食。

繁殖特点： 缟獴的孕期为 60~70 天。群体中的雌缟獴通常会协调在同一天生育，每胎产 2~6 仔。

孕期：60~70 天 | 社群习性：群居 | 保护级别：无危 | 体形大小：体长 50~65 厘米，尾长 18~25 厘米

狐獴

又称猫鼬
食肉目、獴科、狐獴属

狐獴是一种小型哺乳动物，外表看起来呆萌可爱。狐獴的躯干修长笔直，四肢匀称，尾长而圆。毛皮的颜色通常是浅黄棕色掺杂着灰、古铜或微带银的棕色。眼睛周围有黑色圈纹，像戴着一副太阳眼镜。腹部为深色，毛发稀少，光吸收能力强。耳朵为新月形，可闭合，挖洞时闭起来以避免泥沙进入耳内。尾巴又细又长，尾端为黑色，可用来保持直立的姿势。爪子 2 厘米长，不能缩回，可弯曲，能挖洞、捕食。

眼睛周围有黑色圈纹

耳朵为新月形，可闭合
毛皮呈浅黄棕色，掺杂灰色、银色、古铜色
尾巴细长，末端呈黑色，可在直立时帮助保持身体平衡

爪子可弯曲，但不能缩回

腹部皮肤颜色较深，毛发稀少

分布区域：分布于非洲南部的卡拉哈里沙漠。

栖息环境：栖息在非洲的最干旱地区，生活在草原、开阔草原及沙丘地区。

生活习性：狐獴社会性极强，为群居动物，种群通常由 2~50 只狐獴组成，构建的是一个母系社会，雄性首领和雌性首领是内部统治者，其中雌性首领选出雄性首领。它们通常不会主动攻击其他动物，如果遇到危险，会采取逃跑的方式来躲避。形态很特别，通常保持弓起后背、踮起下肢以及竖立起毛和尾巴的姿态，以观察周围环境。眼睛周围有黑色圈纹，具有太阳眼镜般的功能，使它们在阳光下能清晰地看见远方的事物，甚至可以直视太阳。

饮食特性：以蝎子、蜘蛛、蜈蚣，以及小型哺乳动物、小型爬行动物、鸟类等为食。

繁殖特点：狐獴全年都可以繁殖，多数会在较温暖的时候生产。每胎通常生 3 仔。幼仔出生的时候浑身无毛，耳朵在 10 天左右打开，10~14 天睁开眼睛，哺乳期为 49~63 天。

趣味小课堂：狐獴的日常生活非常丰富，经常举办摔跤、赛跑类活动，还有歌唱活动。为了保障家族的安全，狐獴群体在觅食或玩耍的时候，会有成员放哨。当危险来临的时候，哨兵会发出声音，让伙伴们能及时躲进地下避难。

孕期：约 11 周 | 社群习性：群居 | 保护级别：无危 | 体形大小：身长 25~35 厘米，尾长 17~25 厘米

双峰驼

又称野驼、野生双峰驼、野骆驼
偶蹄目、骆驼科、骆驼属

双峰驼是干旱地区主要的野生动物，是沙漠的标志性动物，为国家一级保护动物。其背有双峰，因此得名。双峰驼的眼睛突出，视角广，具有双重眼睑，睫毛长而浓密。颈长而弯曲，鼻孔大而斜开，鼻孔周围有很多短毛，可过滤沙尘。四肢细长，两瓣足大如盘。毛色为单一的淡灰黄褐色。野生双峰驼比熊猫更为濒危，目前已经很难在西北荒漠地区看到它们的身影了。

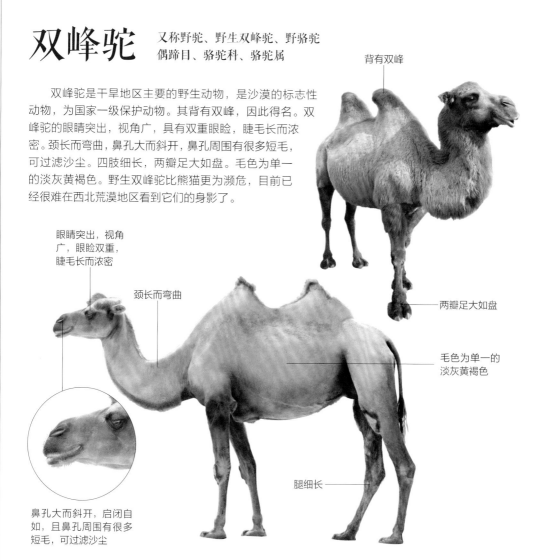

背有双峰

两瓣足大如盘

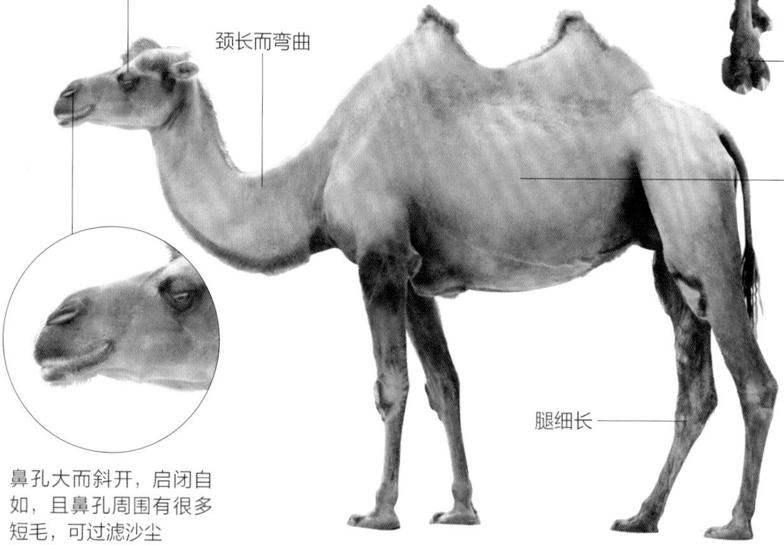

眼睛突出，视角广，眼睑双重，睫毛长而浓密

颈长而弯曲

毛色为单一的淡灰黄褐色

腿细长

鼻孔大而斜开，启闭自如，且鼻孔周围有很多短毛，可过滤沙尘

分布区域：主要分布在亚洲及周边较凉爽的地区，如蒙古国、中国、哈萨克斯坦及印度北部地区。在中国，分布于甘肃、青海、新疆和内蒙古等地。

栖息环境：栖息在草原、荒漠、戈壁地带，会随着季节变化而迁徙。

生活习性：双峰驼为群居动物，常成4~6只小群活动。它们拥有灵敏的嗅觉，既耐饥渴，又耐高温，可以十多天甚至更长时间不喝水，能在沙漠中长途奔走。如果它们的身体极度缺水，可将驼峰内的脂肪分解，产生的水和热量可满足其身体需要。其性情温顺，易驯服，是沙漠中的重要运载工具，可运载170~270千克的东西每天走约47千米，最高时速可达16千米，被誉为“沙漠之舟”。

饮食特性：以梭梭、胡杨、沙拐枣等各种荒漠植物为食。

繁殖特点：双峰驼交配期为每年2—4月，通常每胎产一仔。小骆驼出生的第一天就可以站立起来。

孕期：约13个月 | 社群习性：群居 | 保护级别：极危 | 体形大小：体长250~300厘米，体重450~690千克

单峰驼

偶蹄目、骆驼科、骆驼属

单峰驼体形高大，因只有一个驼峰而得名。单峰驼比双峰驼略高，躯体比双峰驼细瘦。其毛色为深棕色到暗灰色，毛短而柔软。颈部长，尾巴短，眼睫毛浓密，耳朵小，鼻孔扁平呈细缝状。腿较长，脚上有弯曲的趾甲，可以保护脚的前部。

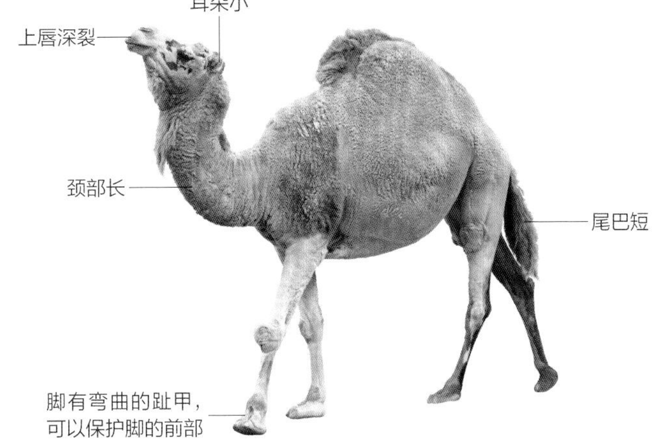

耳朵小
上唇深裂
颈部长
尾巴短
脚有弯曲的趾甲，
可以保护脚的前部

分布区域：分布于亚洲西部和南部，以及北非。

栖息环境：栖息在荒漠和戈壁地带。

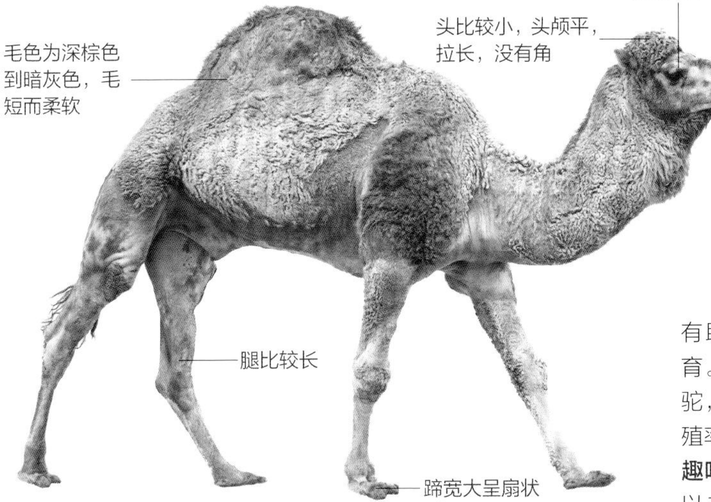

眼睫毛浓密
头比较小，头颅平，
拉长，没有角
毛色为深棕色
到暗灰色，毛
短而柔软
鼻孔扁平，呈细
缝状，可以关闭
腿比较长
蹄宽大呈扇状

生活习性：单峰驼可以独居或者群居，成群时每群由一头雄兽和多头雌兽以及它们的幼兽组成。如果有陌生动物接近，单峰驼会变得很激动，并会通过跺脚、奔跑来表现它们的不悦，也正因为它们经常有“吐痰”和“踢腿”的动作，而给人“坏脾气”的印象。它们非常适合在沙漠中生存，可以依靠驼峰里储存的脂肪维持5~7天的生命，同时为了减少水分消耗，会提高身体的出汗体温，以减少出汗量。此外，排泄物的高度浓缩也可防止水分流失。它们耐旱、耐饥渴，特别适合在沙漠中活动，可运载物品穿过最干燥的地区。

饮食特性：主要吃草，以荆棘、干植物以及耐盐植物为食。

繁殖特点：单峰驼的交配期为每年1—4月，发情周期是2个月。孕期长达370~440天，长孕期有助于小骆驼在母体中充分发育。单峰驼每胎只产一只小骆驼，隔2~3年才生育一次，繁殖率比较低。

趣味小课堂：双峰驼和单峰驼可以杂交，其后代有繁殖力，生出来的骆驼可能只有一个拉长的驼峰，也可能有一大一小两个驼峰。

孕期：370~440天 | 社群习性：独居或群居 | 保护级别：野外灭绝 | 体形大小：体长2.25~3.45米，尾长35~55厘米

蝙蝠

又称天鼠、挂鼠、天蝠、老鼠皮翼、飞鼠、岩老鼠
翼手目动物的统称

蝙蝠是唯一一种真正能在空中飞翔的哺乳动物。蝙蝠前肢特化，骨骼有较大的变化，肱骨短于桡骨，尺骨退化；各掌、指骨之间有皮膜，向后与后肢和尾部相连。蝙蝠的吻部像啮齿类或狐狸，外耳向前突出，很大，且非常灵活。髋及腿部细长。蝙蝠体色大多为褐色、灰色和黑色，腹部颜色较浅，除翼膜外，全身覆盖着绒毛。

分布区域： 除极地和大洋中的一些岛屿外，遍布全世界，尤其以热带和亚热带为多。

栖息环境： 居住在各类山洞、古老建筑物的缝隙、天花板，以及树洞、岩石缝中，还有一些蝙蝠隐藏在棕榈、芭蕉树等树叶的后面。

生活习性： 蝙蝠为群居动物，它们总是在夜间活动，为了适应黑暗的环境，进化出回声定位系统，可以通过喉咙发出人类听不见的超声波，然后依据超声波回应来辨别方向、探测目标，人类正是根据蝙蝠的这一特点发明了雷达。为了适应空中生活，蝙蝠形成了特有的飞行器官——翼手，这是从指骨末端至肱骨、体侧、后肢及尾巴之间形成的皮膜。蝙蝠依靠特化的前肢在空中飞翔。蝙蝠的体温变化很大，变化幅度可达 56℃。温带的蝙蝠，不活动的时间比活动的时间多。当天气寒冷的时候，有些种类的蝙蝠会像鸟类一样迁徙，到南方过冬，而留在原地的则在寒冷的冬季冬眠。

饮食特性： 主要以鱼类、青蛙、昆虫或者果实、花粉、花蜜为食。

繁殖特点： 整个蝙蝠群的性周期是同步的，但孕期不相同，因为其受精卵可以延迟着床。蝙蝠每年繁殖一次，每胎产 1~2 仔。孕期从 6 周到 6 个月不等。幼仔出生时全身没有毛或少毛，生长很快。

孕期：从 6 周到 6 个月不等 | 社群习性：群居 | 保护级别：极危、易危或濒危 | 体形大小：最大蝠翼展达 1.5 米长

大耳狐

又称蝠耳狐、好望角狐
食肉目、犬科、大耳狐属

大耳狐有两个亚种，一个亚种分布于非洲东部，如索马里、肯尼亚等，另一个亚种分布于非洲南部，如南非、纳米比亚等。大耳狐有一对巨大的耳朵，耳长11.4~13.5 厘米。体毛呈淡黄至深蜜色不等，多为棕褐色，但具体颜色取决于年龄和发现区域。鼻口呈灰黑色，两侧末梢呈灰白色。小腿、爪、尾尖呈黑色。

鼻口呈灰黑色，
两侧末梢灰白色
四肢较短

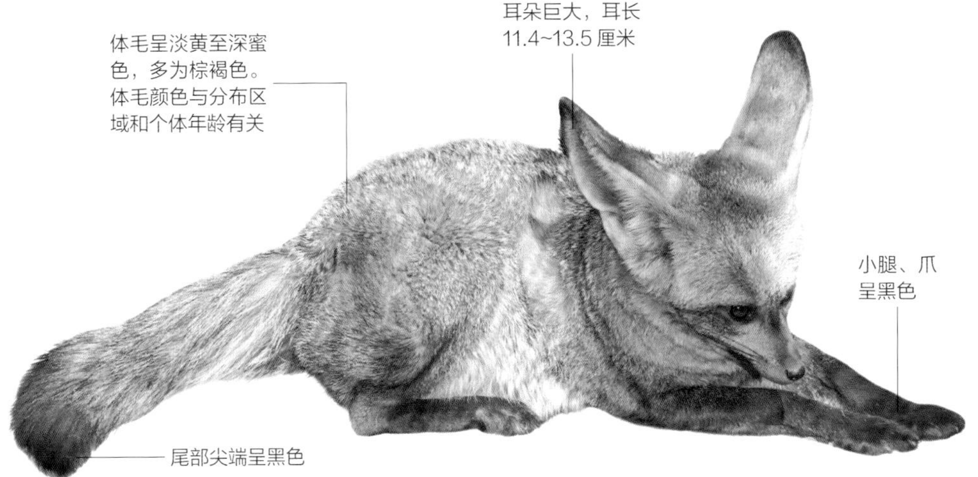
耳朵巨大，耳长
11.4~13.5 厘米
体毛呈淡黄至深蜜
色，多为棕褐色。
体毛颜色与分布区
域和个体年龄有关
小腿、爪
呈黑色
尾部尖端呈黑色

分布区域：分布于安哥拉、博茨瓦纳、肯尼亚、莫桑比克、纳米比亚、索马里、南非、坦桑尼亚、赞比亚和津巴布韦等地。

栖息环境：栖息在干旱草原、热带稀树草原及荒漠地带。

生活习性：大耳狐为群居动物，通常在冬季的白天、夏季的傍晚活动。大耳狐群体的领地范围为0.25~1.5 平方千米。群体之间一起觅食、休息，相互之间还会互理毛发，一起嬉戏玩耍。在南非，大耳狐群体的领地范围广泛重叠，很少有领土标志。又由于当地的土壤或植被适宜大耳狐生存，因此，这里种群密集，密度为 10 只 / 平方千米，有时数百米内可有 2~3 个洞穴。

饮食特性：以昆虫等节肢动物为食，有时也吃小型啮齿动物、蜥蜴、鸟卵等。

繁殖特点：大耳狐属于一雌一雄单配制动物，每年生产一次，孕期为 51~52 天。幼仔在出生 9 天后睁开双眼，17 天后可以走出洞穴，哺乳期为 15 周。

孕期：51~52 天 | 社群习性：群居 | 保护级别：无危 | 体形大小：体长 46~66 厘米，体重 3.0~5.3 千克

大羚羊

又称大角斑羚、非洲旋角大羚羊
偶蹄目、牛科、大羚羊属

大羚羊是体形最大的羚羊，身材高大粗壮，却并不笨拙，善跳跃，可轻松跃过 1.5 米高的围栏。体毛呈褐色或黄褐色，肩背部有一些白色条纹。雄性颈部和肩部的颜色偏蓝灰色，有一道短而深的鬃毛从颈部向下延伸。雌雄都有角，角长 43~66 厘米，雄性的角比雌性的角结实。

雌性角较细、
较长，最长能
达到 1 米以上
肩背部略
有细白纹

分布区域：分布于非洲的中部和南部。

栖息环境：栖息在半沙漠地区及开阔的草原或有灌丛和稀疏树林的地区。

生活习性：大羚羊为群居动物，首领为年长的雄性，觅食时，首领会率领若干只大羚羊一起活动。它们白天炎热时休息，晨昏凉爽时活动觅食。会随季节变化进行周期性迁徙，可在水源处直接饮水，也可从树叶、根茎等食物中获取水分。只要有树叶等就可以在无水的地方存活。

体毛棕色或灰黄色

饮食特性：植食性动物，以树叶、灌木、多汁的果子及草为食。

繁殖特点：一雄配多雌，优势雄性可以与多个雌性交配。交配和分娩全年都可以进行，降雨期间交配最为常见。孕期为 8.5~9 个月，每胎只产一仔。出生后的前两周内，幼仔会隐藏在灌丛和高草植物中，哺乳期为 6 个月。

孕期：8.5~9 个月 | 社群习性：群居 | 保护级别：无危 | 体形大小：体长 2.8 ~ 3.4 米，尾长 0.3 ~ 0.6 米

子午沙鼠

又称黄耗子、中午沙鼠、午时沙土鼠
啮齿目、仓鼠科、沙鼠属

子午沙鼠是中国的特有物种。子午沙鼠的头骨和顶间骨宽大，背面明显隆起，后缘有凸起。耳短圆，耳壳明显突出毛外，向前折可达眼部，眼睛比较大。体色变异较大，从沙黄色至深棕色。腹毛呈白色，尾毛呈棕黄色或棕色。爪基部呈浅褐色，尖部呈白色。

分布区域： 分布于准噶尔盆地、塔里木盆地、阿拉善荒漠、鄂尔多斯高原、湟水河谷及黄土高原北部。

栖息环境： 栖息在荒漠或半荒漠地区的沙丘和沙地中。

生活习性： 子午沙鼠为群居动物，居住在洞穴中，其洞穴复杂，洞口多在灌丛和草丛下，洞道则呈弯曲状且分支较多，有的分支甚至在接近地面时形成盲端，以备不时之需。它们没有冬眠的习性，通常夜间活动，尤其是在子夜时分特别活跃。它们对生态环境有一定的危害，会盗食粮食，损害植物种子，如果它们在黄土高原上密集地筑洞穴，还会加速水土流失。

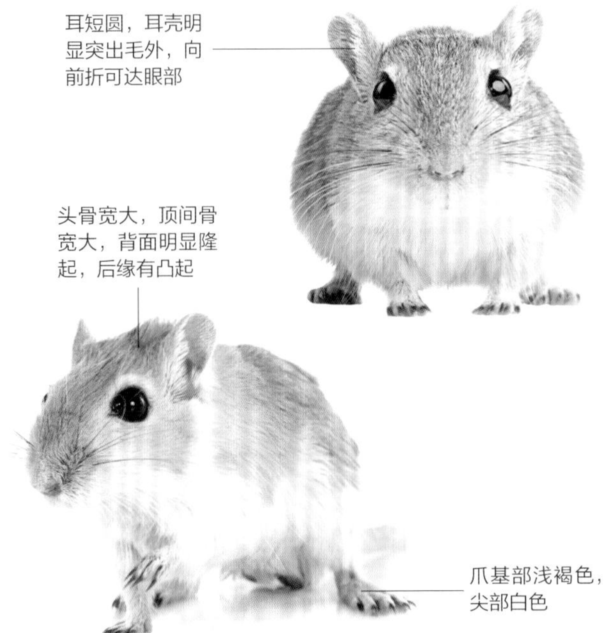

饮食特性： 以蔬菜、杂草、牧草、粮食作物等为食。

繁殖特点： 子午沙鼠春季交配，孕期为 24~26 天。5—6 月为产仔高峰期，每胎产 3~10 仔，平均为 6 仔。食物充足的年份，部分雌鼠可以在 9 月再产 1 胎。曾经在新疆木垒哈萨克自治县发现，9 月的孕鼠数量占雌鼠总数的 80%。

孕期：24~26 天 | 社群习性：群居 | 保护级别：无危 | 体形大小：体长 10~15 厘米

跳鼠

又称跳囊鼠
啮齿目、跳鼠科

跳鼠善跳跃，并因此而得名。它们的后肢长，且很强壮，为前肢长度的 3~4 倍。尾甚长，达 9.5~30 厘米，在跳跃时用以保持身体平衡。在空中跳跃时，跳鼠还能依靠甩尾转弯、改变方向，从而躲避天敌。跳鼠的毛色浅淡，通常为沙土黄或沙灰色，没有光泽，接近栖息地的颜色。跳鼠看起来很可爱，也被人们称为“荒漠米老鼠”。

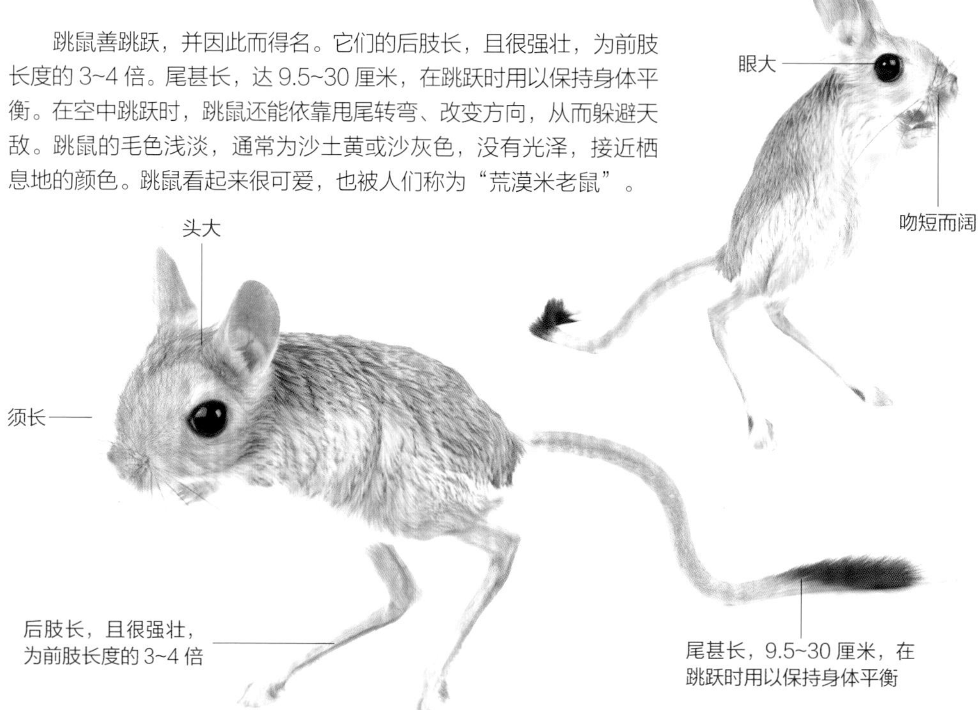

分布区域：原产于非洲，在北美洲及欧亚大陆的北部也有分布。

栖息环境：栖息在亚、非、欧三大洲的干旱与半干旱地区。

生活习性：跳鼠为群居动物，它们有冬眠的习性，冬眠时会以尾部积累的脂肪来补充机体所需能量。每年的冬眠时间为 6~9 个月，每两周苏醒 1 次。冬眠时，它们的体温略高于 0℃。

饮食特性：以植物种子及幼嫩根、茎为食，亦食少量昆虫。

繁殖特点：跳鼠每年 4 月发情、交配，通常每年生产 2 次，有些种类则生产 3 次。孕期约 28 天，每胎可产 1~6 仔，通常为 2~4 仔。

趣味小课堂：动物在冬眠时，体温下降，心跳频率降低，呼吸减慢，能量消耗减少，只是依靠体内储存的脂肪维持生命。这是一种帮助动物度过寒冷冬季、克服严酷环境的生存策略。

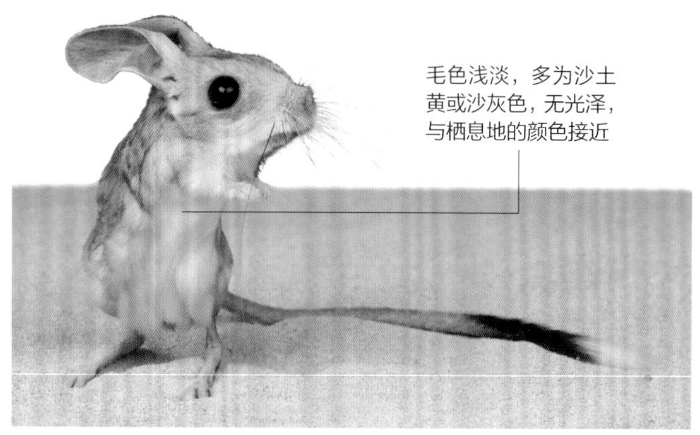

孕期：约 28 天 | 社群习性：群居 | 保护级别：濒危 | 体形大小：体长约 10 厘米，尾长约 20 厘米，体重 95 ~ 140 克

斑鬣狗

又称斑点鬣狗、斑点土狼
食肉目、鬣狗科、斑鬣狗属

颈部长且强壮，有粗糙的鬃毛

斑鬣狗体形中等偏大，雌性个体明显大于雄性，也是非洲除狮子外最强大的食肉动物。斑鬣狗的颈部长且强壮，有粗糙的鬃毛。毛发短，呈淡黄色至淡褐色，身上有不规则的暗点，暗点颜色会随着年龄的增长而变浅。鼻端呈黑色。上犬齿不发达，但下颌强大，能将 90 千克重的猎物拖行 100 米。尾巴短，呈棕黑色。斑鬣狗能发出多种声音，是非洲的哺乳动物中发声种类最多的，已发现其可发出超过 11 种声音。

分布区域：非洲撒哈拉沙漠以南的广大地区。
栖息环境：热带、亚热带草原和半荒漠地区的石砾荒漠。
生活习性：斑鬣狗为群居动物，族群包括 5~90 个成员，由雌性带领。族群是永久的社会群体，雌性处于支配地位，之后是幼仔，成年雄性处于最底层。性情凶猛，主要以捕食动物活体为主，很少食腐肉。往往群体作战，有时甚至由 40~60 个成员组队捕猎。斑鬣狗进食和消化能力极强，一只成年斑鬣狗一次可以吃下重量为自己体重 1/3 的食物。它们善于奔跑，且耐力惊人，可以保持时速 10 千米的速度。如果近距离追逐猎物，可保持时速 50 千米的速度，并且以此速度奔跑 3 千米以上。
饮食特性：肉食性动物，以斑马、角马和羚羊等大中型食草动物为食。
繁殖特点：雌性斑鬣狗可以自行选择与谁交配，孕期约为 4 个月。因分娩的时间较长，很多第一次生产的雌性会死于难产。每胎一般生 2 仔，哺乳期为 12~16 个月。斑鬣狗的乳汁非常有营养，蛋白质含量很高。

体形中等偏大，雌性个体明显大于雄性

鼻端呈黑色

上犬齿不发达，但下颌强大，能将 90 千克重的猎物拖行 100 米

毛发短，呈淡黄色至淡褐色，身上有不规则的暗点，暗点颜色会随着年龄的增长而变浅

孕期：约 4 个月 | 社群习性：群居 | 保护级别：低危 | 体形大小：身长 95 ~ 160 厘米，尾长 25 ~ 36 厘米

东非狒狒

又称阿努比斯狒狒、橄榄狒狒
灵长目、猴科、狒狒属

东非狒狒毛发颜色呈橄榄绿色，幼仔体色为棕色，成年后变成橄榄绿色。东非狒狒身形高大，且强壮有力，成年雄性直立有 1 米多高，能吓跑猛兽。其口鼻部延长像狗，臀部裸露面积比其他狒狒少。雄性有大片鬃毛，主要在身体前部，颈部及肩膀毛较长。雌性没有鬃毛。

幼仔体色为棕色，成年后变成橄榄绿色

口鼻部延长似狗

分布区域：分布于撒哈拉沙漠以南的广大地区。

栖息环境：栖息在草原、草地、开阔的林地、石砾山地等地。

生活习性：东非狒狒为群居动物，它们一般由 30~60 只甚至上百只结成群。在群体中，虽然雌性数量较多，但是雄性地位较高，雄性通过打架的方式来决定它们在群体中的等级，只有等级较高的雄性才能与雌性交配。每个东非狒狒的族群都有一块领地，族群成员在领地中周游，每天沿着固定的路线出去活动、觅食和饮水，晚上回到树林中休息。它们一般在地面活动，但也能爬树。

饮食特性：杂食性动物，主要以植物和昆虫、鸟卵等为食，有时也捕食野兔等。

繁殖特点：雌性东非狒狒发情周期长达 31~35 天。每胎产一仔，重约 1000 克。幼仔出生后头几个月完全依赖母亲。哺乳期为 420 天，哺乳期间雌性非常辛苦，甚至其体重会大幅下降。

种群现状：东非狒狒在非洲数量很多，分布广泛。由于它们会吃农作物，所以农民非常讨厌它们。

孕期：约 187 天 | 社群习性：群居 | 保护级别：无危 | 体形大小：雄性体长 76 厘米，雌性体长 60 厘米

地松鼠

啮齿目、松鼠科、非洲地松鼠属

地松鼠是松鼠的一种，头顶较平，鼻子以及附近的部位向前突，有颊囊，吃东西时可膨胀。毛色黄里带黑，有的也为红褐色。鼻子和眼睛为黑色。它们虽然不善跳跃，但善于在地上打洞。

分布区域：分布于非洲干旱地带。

栖息环境：栖息在干旱地带。

生活习性：地松鼠为群居动物，通常成 30 只左右的群体活动。它们有毛茸茸的大尾巴，不仅可以用来遮阳和当被子盖，还可以在危险发生时用来向其他同伴传递警报信号。它们的眼睛较大，不仅使视野更广阔，并且更容易看到潜在的威胁。此外，如果有危险发生，它们还会用强健的后腿向上跳跃，并发出声音以提醒其他成员。

饮食特性：主要以植物为食，也吃昆虫、腐肉或其他小动物。

眼睛为黑色

头顶较平

鼻子为黑色，鼻子以及附近的部位向前突，有颊囊，吃东西时可膨胀

毛色黄里带黑，有的为红褐色

孕期：42~49 天 | **社群习性：**群居 | **保护级别：**无危 | **体形大小：**体长 20~30 厘米，尾长 18~26 厘米

蹄兔

蹄兔目、蹄兔科、蹄兔属

蹄兔因蹄状趾甲而得名，身被针毛，粗硬且蓬松。蹄兔的背部有腺体，腺体位置的毛色不同于周围体色。当蹄兔受惊的时候，毛竖起，腺体会外露。它们有 1 对锐利、断面呈三角形的上门齿，有 2 对下门齿，如凿状。视觉和听觉敏锐。

分布区域：分布于中东地区及撒哈拉沙漠以南的非洲地区

栖息环境：栖息在岩石堆和灌丛间。

生活习性：蹄兔为群居动物，通常成 6~50 只的群体活动，方便共同对付天敌。攀登能力强，常在陡峭的岩石上奔跑，动作非常敏捷。腺体可以分泌有异味的物质，用来驱避天敌。

饮食特性：植食性动物，以草、嫩叶和树皮为食。

繁殖特点：每胎产 2~3 仔。

背部有一腺体，可分泌有异味的物质以驱敌

身被针毛，粗硬且蓬松

尾短，或无外尾

孕期：6~7 个月 | **社群习性：**群居 | **保护级别：**无危 | **体形大小：**体长 30~58 厘米，体重约 4 千克

耳廓狐

又称大耳小狐、沙漠小狐
食肉目、犬科、狐属

耳廓狐的体形与家猫相似，一对长约 15 厘米的大耳朵是它们最显著的特征。四肢细长，全身皮毛软长，厚而柔滑，呈淡黄色，能在沙漠中伪装避敌。眼睛大而黑，胡须呈黑色，腹部、腿部、内耳呈白色。尾毛呈淡红色，厚而浓密，尾尖呈黑色。

分布区域： 分布于北非至亚洲西奈半岛北部地区。
栖息环境： 栖息在沙漠和半沙漠地带。
生活习性： 耳廓狐为群居动物，高度社会化，双亲和后代组成家族群体，一般不超过 10 只，通过尿液和粪便标记领地。它们守土护幼意识强烈。它们的大耳朵占比极大，具有散热功能，可以帮助它们适应沙漠干燥酷热的气候，此外，也能对周围微小的声音迅速做出反应。沙漠的昼夜温差极大，通常白天酷热、夜晚寒冷，而它们有由软长皮毛覆盖的脚掌，不仅可以在蓬松的沙地上行走，而且可以保温，以隔绝沙漠夜晚的寒冷。
饮食特性： 以小型啮齿动物、鸟类、昆虫，以及水果、树叶和植物根茎等为食。

耳长 10~15 厘米

腹部、腿部、内耳为白色

四肢细长

胡须为黑色

全身皮毛软长，厚而柔滑，呈淡黄色

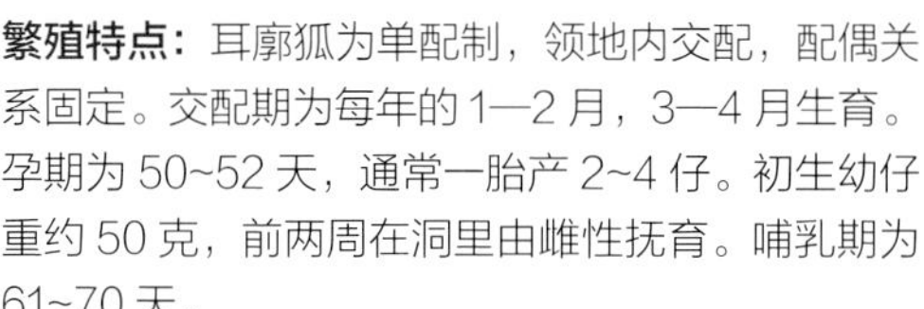

繁殖特点： 耳廓狐为单配制，领地内交配，配偶关系固定。交配期为每年的 1—2 月，3—4 月生育。孕期为 50~52 天，通常一胎产 2~4 仔。初生幼仔重约 50 克，前两周在洞里由雌性抚育。哺乳期为 61~70 天。
种群现状： 耳廓狐是撒哈拉沙漠的常见物种，威胁它们生存的主要是人和犬类，比如在摩洛哥南部，人类居住地的扩张已导致当地耳廓狐消失。

尾毛呈淡红色，厚而浓密，尾尖呈黑色

眼睛大而黑

孕期：50~52 天 | 社群习性：群居 | 保护级别：无危 | 体形大小：体长 24 ~ 401 厘米，尾长 18 ~ 31 厘米

兔狲

又称洋猞猁、乌伦、玛瑙、玛瑙勒
食肉目、猫科、兔狲属

兔狲为国家二级保护动物。体形与家猫相似，粗壮短小，额部宽阔，耳朵短而宽，且两耳的距离稍远，耳背为红灰色。它们的瞳孔收缩时呈圆形，为淡绿色。全身被有浓密而柔软的毛，尤其是腹部的毛格外长，并且会随季节的变化而变化。背中线呈棕黑色，身体后半部有黑色细纹。头部呈灰色，有一些黑斑。腹部呈乳白色，颈下到前肢呈浅褐色，四肢比背部颜色稍淡。尾巴上有黑色环纹，尖端长毛为黑色。

额部宽阔

分布区域： 分布于亚洲中部向东至西伯利亚，包括阿富汗、亚美尼亚、阿塞拜疆、中国、印度、伊朗、哈萨克斯坦等地。

栖息环境： 栖息在荒漠草原、荒漠、戈壁。

生活习性： 兔狲为独居动物，通常单独生活在岩石缝或洞穴里。它们的听觉系统和视觉系统发达，如果遇到危险，会迅速逃窜或隐蔽到洞中。它们通常白天休息，夜晚活动，尤其是晨昏时段活动最为频繁。其腹部的长毛和绒毛有保暖作用，所以兔狲可以长时间地伏卧在冻土地上。它们的叫声像家猫，但更粗野。

饮食特性： 主要以鼠类为食，也吃野兔、鼠兔、沙鸡等。

繁殖特点： 发情期为每年早春，雌性周期性发情，每次持续 26~42 小时。孕期为 63~70 天，夏初生产。每胎通常产 3~4 仔。幼仔在 4 个月之后长满毛茸茸的灰色体毛，并开始独立。

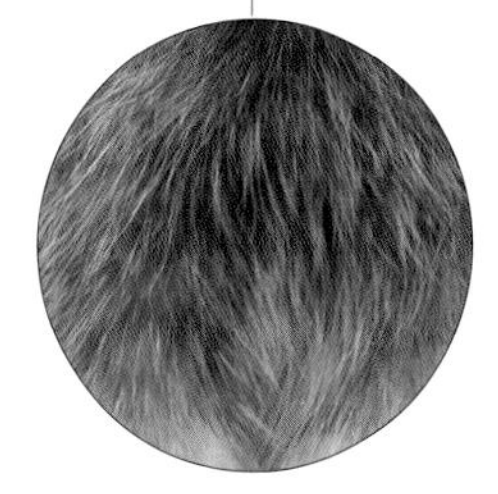

腹部毛很长，约是背毛长度的 2 倍多

耳朵短宽且耳尖圆钝

被毛浓密，柔软丰富

尾巴粗圆，有明显的黑色环纹，且尾巴尖端为黑色

孕期：63~70 天 | 社群习性：独居 | 保护级别：无危 | 体形大小：体长 50 ~ 65 厘米，体重约 2 千克

薮猫

又称非洲薮猫
食肉目、猫科、薮猫属

薮猫为国家二级保护动物，体形像小型猎豹，四肢修长。耳朵又高又圆，两耳基部距离很近。体色呈黄色，有黑斑，且黑斑和背部、头部的斑纹融为一体。尾部有黑色环纹，尾尖呈黑色。雄性体形通常大于雌性。

分布区域： 分布于撒哈拉沙漠以南的非洲地区。

栖息环境： 栖息在草原、荒漠地带，有时也出现在山地。

生活习性： 薮猫为独居动物，黄昏到黎明最活跃，中午休息。阴天和天气变冷时会在白天觅食。最喜欢隐藏于高草丛后，一旦发现猎物，它们可以跳很远，并用前爪抓住猎物。它们通常以尖叫声交流，也会通过咆哮和呼噜声交流。用排尿、贴地蹭面以及尾腺擦地等方式来标记领地，最小领地范围为 11.6 平方千米。

饮食特性： 主要以啮齿类和鸟类为食，还吃昆虫、青蛙、蜥蜴等。

繁殖特点： 一雄多雌制，没有繁殖间隔期，通常在春季交配。每胎产 2~3 仔。初生幼仔重 250 克，9 天之后睁眼，哺乳期为 4~7 个月。

尾部有黑色环纹，尾尖呈黑色
四肢修长，体色呈黄色，有黑斑
腹部及靠近嘴部的区域呈白色

孕期：10~11 周 | 社群习性：独居 | 保护级别：无危 | 体形大小：体长 67~100 厘米，尾长 40 厘米，肩高 53 厘米

虎鼬

又称花地狗、臭狗子、马艾虎
食肉目、鼬科、虎鼬属

虎鼬身体细长均匀，耳朵呈椭圆形，四肢短粗，前脚爪长于后脚爪。体背呈黄白色，带有褐色或粉棕色的斑纹，腹部呈黑褐色。从吻部到两耳呈黑褐色，脸上有一条白色环状斑。上、下唇和前额呈白色，耳上有白毛。

分布区域： 分布于欧亚大陆，包括希腊、保加利亚、亚美尼亚、阿富汗、伊拉克、以色列、中国等地。

栖息环境： 典型的荒漠、半荒漠草原动物，栖息在荒漠沙丘或荒原。

生活习性： 虎鼬一般单独活动，夏季会结群活动，行走的时候排成一字形队伍，弯腰弓背快速前进。生性机警，喜欢在晨昏和夜间活动，若遇上阴雨和下雪天则较少出洞。嗅觉灵敏，但视觉较差，可以攀树。遇到追捕和威胁的时候，会迅速钻进隐蔽处。若是没有及时躲避，会立马掉转身体方向，脊背高高隆起，毛峰竖立，使整个身体变大，然后大声咆哮，以此驱敌。

饮食特性： 主要以各种鼠类以及蜥蜴和小鸟为食。

繁殖特点： 在开春前后发情，通常 4 月下旬产仔，每胎产 4~8 仔。幼仔的斑纹明显，哺乳期约 30 天，38~40 天幼仔睁开眼睛。

体形均匀细长
鼻吻部短缩

孕期：约 60 天 | 社群习性：独居或群居 | 保护级别：易危 | 体形大小：体长 12~40 厘米

第三章

森林哺乳动物

森林是世界上动植物资源最丰富的地区之一，
为哺乳动物提供了食物和隐蔽场所。
在树上生活的哺乳动物，
通常会利用自己的四肢和尾巴来抓住树枝，
以跳跃或飞跃的方式在树枝间穿行。
在树下生活的哺乳动物，为了躲避捕食者，
体色逐渐与周围的环境相一致。

日本猕猴

又称温泉雪猴、日本猴、雪猴
灵长目、猴科、猕猴属

日本猕猴是生活于日本北部的一种猕猴，因冬天常全身披白雪而又得名雪猴。日本猕猴体形中等，尾巴相对短。面部瘦削，面孔呈红色，表情丰富。前额略突，眉骨较高，眼窝较深，肩毛较短。体背有厚厚的、毛茸茸的“皮毛大衣”，毛长可达 23 厘米，灰黑色至灰棕色，有时还会有一些斑点。

面孔为红色

分布区域：主要分布于日本长野县。
栖息环境：栖息在落叶林、阔叶林和常绿林中。
生活习性：日本猕猴为群居动物，通常组成 20~30 只的群体，白天活动，多数时间待在森林里。由于天气寒冷，它们为了取暖，经常会集体泡温泉。冬季，它们最喜欢攀附在岩石上，将自己浸泡在温泉中，并在温泉里互相梳理毛发。有时，它们还会边泡温泉，边吃食物，甚至还谈情说爱。泡温泉是日本猕猴驱走严寒、保持身体热量以度过寒冬的方式。

头顶有尖形的黑色冠毛
背部毛发厚实，起保暖作用，为灰黑色至灰棕色
眼周和吻部为青灰色或肉粉色，鼻端为深蓝色
上肢内侧为白色

饮食特性：以云杉、冷杉等针叶树的嫩芽及松萝、竹笋等为食。
繁殖特点：每年繁殖 1 次，孕期约为 173 天，每胎产一仔，生产高峰期为 4—7 月。幼仔出生时约为 500 克，20 天左右开始学习走路。

趣味小课堂：日本猕猴常和名为“叶猴”的猴子住在一起，它们可以一起生活在一个区域里，因为叶猴只吃树叶，所以它们之间不会互相争夺食物。

孕期：约 173 天 | 社群习性：群居 | 保护级别：无危 | 体形大小：体长 47~60 厘米，尾长 7~12 厘米

长臂猿

灵长目、长臂猿科、长臂猿属

长臂猿动作敏捷，因前肢较长而得名。长臂猿没有尾巴，腿较短，手掌长于脚掌。头顶毛较长而披向后方，所以头顶扁平，没有直立向上的簇状冠毛。两臂极长，远长于后肢，在树枝间用臂支撑移动，动作十分敏捷。雄性一般为黑、棕或褐色；雌性和幼猿一般为棕黄、金黄、乳白或银灰色。

头顶毛较长而披向后方，故头顶扁平，无直立向上的簇状冠毛
手掌比脚掌长，手指关节也很长
两臂极长，明显长于后肢，在树枝间用臂支撑移动，动作敏捷
被毛较长

头小

脸扁

分布区域： 分布于东起中国云南、海南省，西至印度阿萨姆邦以及整个东南亚地区的广大区域。

栖息环境： 栖息在热带或亚热带森林中。

生活习性： 长臂猿为群居动物，通常成 3~5 只的小群活动，由一雌一雄组成一个家庭，每个家庭都有固定的领地，成年雄猿担任首领，家族关系稳定和谐。它们白天活动，一般在树冠中上部觅食。利用双臂交替摆动，手指握紧树枝将身体抛出，腾空前进，速度很快。

饮食特性： 以植物性食物为主，主要采食植物的果实，也吃小鸟、昆虫等。

繁殖特点： 长臂猿繁殖速度很慢，每隔两年才生一胎，主要在冬季和春季交配。孕期约 7 个月，3~4 个月后腹部微隆起。分娩通常在秋季或初冬，每胎仅产一仔。

种群现状： 随着人类活动领域的扩大和原始森林的开发，长臂猿赖以生存的环境遭到了严重破坏，再加上滥杀滥捕，致使它们的数量越来越少。

趣味小课堂： 由于长臂猿和人类的身体构造、生理机能和生活习性都比较接近，如都拥有 32 枚牙齿，都有一对乳房，大脑和神经系统都很发达，血型都分 A 型、B 型、AB 型（长臂猿缺少 O 型血）。此外，长臂猿有 22 对染色体，只比人类少 1 对。因此，长臂猿对于研究人类自身具有非常重要的参考价值。

孕期：约 7 个月 | 社群习性：群居 | 保护级别：濒危 | 体形大小：体长 45~63 厘米，站立高度不超过 90 厘米

黑猩猩

灵长目、人科、黑猩猩属

黑猩猩体毛粗短，呈黑色，面部通常呈黑色，也有白色、肉色和灰褐色。臀部有一白斑，手和脚呈灰色，上有稀疏黑毛。黑猩猩的眉骨较高，两眼深陷，嘴巴宽阔，有 32 枚牙齿。头顶圆平，鼻孔小且窄，嘴唇薄，耳朵较大。四肢长而粗壮，手脚皆可握物，并能以半直立的方式行走，前肢长于后肢，前肢下垂时略超过膝部。

身体被毛较短，呈黑色

头顶毛发向后

犬齿发达，齿式与人类相同

四肢覆有稀疏的黑毛

四肢长而粗壮，手脚皆可握物，并能以半直立的方式行走

耳朵特别大，向两旁突出

面部通常呈黑色

眼窝深凹，眉脊很高

前肢长约 24 厘米

分布区域： 分布于非洲中部地区。

栖息环境： 栖息在热带雨林中。

生活习性： 黑猩猩是群居动物，群体大小不一，由成年雄性担任首领，群体中成员常有变动。它们是半树栖动物，大部分时间在树上活动，但也能用下肢在地面行走。好动不好静，行动敏捷，白天常聚集在一起玩耍、打闹。流浪性较强，栖息地点不固定，不会久居在一处。白天在地面活动较多，午后停留在一处玩耍和休息，并准备筑巢，黄昏就去树上睡觉。黑猩猩可以做出喜、怒、哀、乐等表情，通过声音以及姿势和手势来表达感情。

饮食特性： 主要以水果、树叶、根茎、花、种子、树皮等为食。

繁殖特点： 全年都可以发情，春秋最多，雌性在发情期性皮红肿明显。孕期约 8 个月，每胎产一仔，哺乳期约 1 年。

趣味小课堂： 黑猩猩与人类有着亲密的血缘关系，是与人类血缘最近的高级灵长类动物，智力水平仅次于人类。它们有 48 条（24 对）染色体，细胞色素 C 的氨基酸顺序与人类相同，它们也有失望、恐惧、沮丧等情绪，智商相当于 5~7 岁儿童的水平，不仅可以辨别不同颜色，还可以发出 32 种不同的叫声，并能使用一些简单的工具进行劳作。

孕期：约 8 个月 | 社群习性：群居 | 保护级别：濒危 | 体形大小：体长 63~90 厘米，体重 30~60 千克

美洲狮

又称山狮、美洲金猫、扑马
食肉目、猫科、美洲金猫属

美洲狮是生活在美洲的大型猫科动物，体形与花豹相似，但身上没有花纹，且头比花豹小。皮毛柔软，全身为单一的灰色、红棕色或红色，体毛较短。耳短，耳朵背后有与狮子相似的黑斑。背部及四肢外侧为棕灰、银灰及浅紫色，腹部和四肢内侧为灰白色。美洲狮的尾巴粗长，尾端有像狮子一样的丛毛，但没有狮子的丛毛明显。

皮毛柔软，全身为单一的灰色、红棕色或红色

吻部较短

体毛较短，身上没有斑纹

头大而圆

耳短，耳朵背后有与狮子相似的黑斑

眼内侧和鼻梁骨两侧有明显的泪槽

尾巴粗长，尾端有像狮子一样的丛毛，但不如狮子的丛毛明显

后腿比前腿长

前足5趾，后足4趾，爪锋利，可伸缩，有利于攀岩和捕猎

背部及四肢外侧为棕灰、银灰及浅紫色，腹部和四肢内侧为灰白色

分布区域：分布于北起北美洲的加拿大育空河流域；南至南美洲的阿根廷和智利南部的广大地区，包括阿根廷、伯利兹、巴西、法属圭亚那、危地马拉、圭亚那、洪都拉斯、墨西哥等。

栖息环境：栖息在森林、丛林、丘陵、草原、半沙漠和高山等地区，可以适应多种自然环境。

生活习性：美洲狮为独居动物，常在山谷丛林中活动，尤其喜欢在树上活动。善跳跃，能跳5米多高。美洲狮从不主动攻击人，只有在安全受到威胁时，它们才会攻击袭击者。白天、夜里都很活跃，伏击猎物的时候会用树木和岩石作掩护。

饮食特性：主要以兔、羊、鹿等野生动物为食，饥饿时也会盗食家畜、家禽。

繁殖特点：美洲狮的繁殖季节不固定。通常在春末夏初分娩，每胎产1~6仔，隔一小时出生一只。幼仔刚生下来的时候闭着眼睛，身体呈浅黄褐色，2周后眼睛才会睁开。

趣味小课堂：在美洲，人们会驯养小美洲狮，让它们长大后能像狗一样看守门户。因此，美洲狮被誉为“人类之友”。

孕期：约90天 | 社群习性：独居 | 保护级别：无危 | 体形大小：体长1~2米，体重67~105千克

松鼠 啮齿目、松鼠科

松鼠是树栖动物，毛茸茸的长尾巴是它们的显著特征之一。松鼠的身体细长而轻盈，中等大小，被柔软的浓密长毛。四肢细长而强健，前后肢间无皮翼，后肢更长，指、趾端有尖锐的爪，爪端呈钩状。松鼠的耳朵长，耳壳发达，前折时可达眼部，耳尖有一束毛。眼大而明亮。尾巴长而粗大，长度超过体长的 2/3，尾毛密而蓬松，常朝背部反卷。它们的体侧和四肢外侧均为灰褐色，尾的背面和腹面呈棕黑色，毛基为灰色，毛尖为黑褐色。腹毛为白色。

尾毛密而蓬松，常朝背部反卷

耳朵长，耳壳发达，前折时可达眼部，耳尖有一束毛

指、趾端有尖锐的钩爪，爪端呈钩状

腹毛为白色

眼大而明亮

体侧和四肢外侧均为灰褐色，毛基灰色，毛尖黑褐色

尾巴长而粗大，长度差超过体长的 2/3，但不及体长

身体细长而轻盈，中等大小，被柔软的浓密长毛

分布区域：在中国，主要分布于东北地区及内蒙古东北部、河北及山西北部、宁夏、甘肃、新疆、湖南、贵州等地的山区。世界范围，分布于从俄罗斯的远东地区、日本、朝鲜、蒙古国北部，向西一直到西欧的广大区域。

栖息环境：栖息在寒温带的针叶林及针阔混交林区，尤其在山坡或河谷两岸的树林中最多。

生活习性：松鼠为独居动物，善跳跃，可跳十几米远，跳跃时主要用后肢支撑身体，用尾巴保持平衡。白天活动，夜晚休息，尤其喜欢在清晨活动。冬季寒冷时，它们会躲进树洞抱着毛茸茸的尾巴取暖，为了防止透风，还会把洞封起来，等天气转暖后，再出来活动。不喜欢在窝里吃食，喜欢在阳光洒满林间时，坐在树枝上，用前肢把食物送入口中。

饮食特性：主要以橡子、栗子、核桃等坚果为食。

繁殖特点：松鼠每年可以生育两次，在 2—3 月和 7—8 月交配，孕期 38~44 天。若食物不足，春季交配会推迟或取消。幼仔由雌鼠哺育，哺乳期约 10 周。

孕期：38~44 天 | 社群习性：独居 | 保护级别：无危 | 体形大小：体长 20~28 厘米，尾长 15~24 厘米

鼷鹿

又称小鼷鹿、鼠鹿、小跳麂、马来亚鼷鹿
偶蹄目、鼷鹿科、鼷鹿属

鼷鹿为国家一级保护动物，是有蹄类动物中最小的一种，体形同家兔差不多大。鼷鹿面部尖长，头上无角，雄性有发达的上犬齿。四肢细长，脊背略弯曲，尾巴较长，脚也较长。背部、体侧、胸部、腹部以及腿侧等处的毛色为棕褐色，喉部有白色纵行条纹。

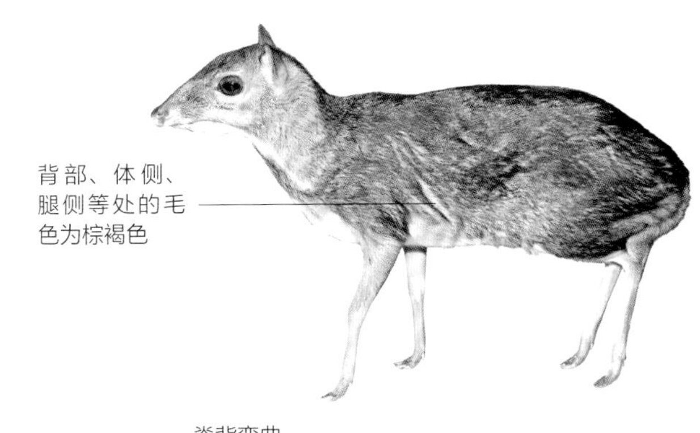

分布区域： 分布于老挝、柬埔寨、越南、泰国、马来西亚、缅甸以及中国云南地区。

栖息环境： 鼷鹿是真正的林栖动物，活动于低海拔地区的热带丘陵、茂密的森林、灌丛和草丛，热带森林中的次生林、灌丛、草坡等地方，有时也进入农田地带。

生活习性： 鼷鹿性情孤独，多数为独居。发情期雌雄会成对一起活动，交配之后即各奔东西。它们是夜行性动物，主要在早晨和黄昏活动，白天隐藏于草丛中，动作敏捷，善于隐蔽，一般不远离栖息地。

饮食特性： 以无花果、炮仗花等植物的花、果及其他落地野果为食。

繁殖特点： 全年都可以繁殖，孕期为 5~6 个月，每胎产一仔，偶尔会产 2 仔。幼仔出生不久便可以站立活动，更奇特的是，分娩 48 小时后，雌性鼷鹿就可以发情受孕，还能一边哺乳一边怀胎。

孕期：5~6 个月 | 社群习性：独居 | 保护级别：无危 | 体形大小：体长 42~63 厘米，尾长 5~7 厘米，肩高不足 33 厘米

又称美洲虎
食肉目、猫科、豹属

美洲豹是一种大型猫科动物，为美洲特有物种，其身形似虎，花纹则似豹。美洲豹身体肥厚，肌肉丰满，四肢粗短，尾巴较短。其身上的花纹很漂亮，全身呈金黄色，黑色圆形的环圈较大，圆环中一般都有一个或数个黑色斑点。眼窝内侧有肿瘤状突起，这个肿瘤状突起是豹、虎等其他豹属动物所没有的。它们是食物链顶端的掠食者，其存在可以促进生态平衡、维持物种数量。

身上的花纹很漂亮，黑色圆形的环圈较大，并且圆环中一般都有一个或数个黑色斑点

眼窝内侧有肿瘤状突起，这个肿瘤状突起是豹、虎等其他豹属动物所没有的

四肢粗短

尾巴较短

分布区域：分布于墨西哥以南直到阿根廷以北地区，其主要栖息地在亚马孙河流域。

栖息环境：栖息在树木茂密的热带雨林和季节性泛滥的沼泽区，以及附近的灌木丛和热带稀树草原。

生活习性：美洲豹为独居动物，生活在多水的地方，是蛰伏突袭的掠食者。善于游泳、奔跑和爬树，白天休息，傍晚的时候开始捕食。它们可以发出多种声音来表达情绪。

饮食特性：以鱼、树懒、水豚、鹿、刺鼠、野猪、食蚁兽、淡水龟、鳄鱼等为食。

种群现状：美洲豹为珍稀的食肉动物，由于人类的活动领域不断扩大，大面积的原始森林被开垦为农田，美洲豹的栖息地不断缩小，加上一些不法分子的偷猎活动，致使美洲豹的数量进一步减少。如今，巴西等国政府已经制定了保护美洲豹的相关法律。

繁殖特点：美洲豹没有固定繁殖期，多在初春发情交配。生育周期为一年或者更长，孕期为90~105天，每胎通常产2~4仔。

孕期：90~105天 | 社群习性：独居 | 保护级别：近危 | 体形大小：体长110~190厘米，尾长50~75厘米

野猪

又称山猪、豕舒胖子
偶蹄目、猪科、猪属

头较长

野猪在世界各地均有分布，但随着生存环境的破坏与人类滥捕滥杀活动的增多，野猪在全世界范围内急剧减少。野猪体躯健壮，四肢粗短，背直不凹，背脊鬃毛较长而硬。头较长，嘴尖而长，吻部突出，顶端为拱鼻。耳尖小并直立。犬齿比较发达，雄性上犬齿外露，向上翻转，呈獠牙状。尾巴细短。野猪的体色呈棕褐或灰黑色，随地区不同，其体色略有差异。脚高而细，蹄呈黑色，每只脚有 4 趾。

分布区域：除极干旱、极寒冷、海拔极高的地区，世界各地均有分布。
栖息环境：栖息在山地、丘陵、荒漠、森林和草原地带。

背直不凹，背脊鬃毛较长而硬
耳尖小并直立，耳被刚硬而稀疏的针毛
体色棕褐或灰黑色，且被粗糙的暗褐色或者黑色鬃毛所覆盖
吻部突出似圆锥状，其顶端为裸露的软骨垫，即拱鼻
尾巴细短
体躯健壮，四肢粗短
脚高而细，蹄黑色，每只脚有 4 趾，且有硬蹄，仅中间 2 趾着地
嘴尖而长，犬齿发达，雄性上犬齿外露，并向上翻转，呈獠牙状

生活习性：野猪为群居动物，成 6~20 只的群体活动。为夜行性动物，在清晨和傍晚比较活跃。冬天，它们一般居住在向阳的栎树林中，这里既温暖，食物又丰富，它们可以依靠栎树林下的大量坚果度过寒冬。如果果实收成不佳，来年春天，野猪的数量就会大幅减少，这也是大自然维持生态平衡的一种方式。夏天，它们一般居住在近水源处，尤其喜欢亚高山草甸，这里气温相对较低，又有丰富的水源，取食、饮水和洗浴都很方便。野猪的眼睛非常小，视力极差，但它们具有敏锐的嗅觉。

饮食特性：不仅捕食兔、老鼠、蝎子、蛇、蠕虫等，而且还偷食鸟卵。

繁殖特点：一夫多妻制，发情期雄兽会发生争斗，胜利的一方占据统治地位。繁殖率和幼仔的存活率都很高，孕期是 4 个月，每胎产 4~12 仔。繁殖旺盛期，一年可以生两胎。幼仔身上的颜色会随年龄增长而变化，前 6 个月身上有土黄色条纹，之后身上的条纹会逐渐退去。

孕期：4 个月 | 社群习性：群居 | 保护级别：无危 | 体形大小：体长 1.5~2 米，肩高 90 厘米，体重 90~ 200 千克

大熊猫

又称猫熊、竹熊、银狗、洞尕
食肉目、熊科、大熊猫属

大熊猫是中国的特有物种，数量稀少，也是地球上最古老的物种之一，至少已有 800 万年的历史，被誉为“中国国宝”和“活化石”，为国家一级保护动物。大熊猫的个体偏大，体形肥硕似熊，具有标志性的内八字行走方式。它们有锋利的爪子和有力的前后肢，因此可以攀爬高大的乔木。大熊猫体毛粗糙，体色为黑白两色，头和身体黑白分明，有大大的黑眼圈，腹毛略呈棕色。

体毛粗糙，体色为黑白两色
个体偏大，体形肥硕似熊、丰腴富态，具有标志性的内八字行走方式

圆圆的脸颊
皮肤厚，最厚处可达 10 毫米

视觉极不发达

分布区域： 分布于中国甘肃、陕西、四川的深山中，包括秦岭、岷山、邛崃山、大相岭、小相岭和大小凉山等山系。

栖息环境： 栖息在海拔2600~3500米的茂密竹林里，多在坳沟、山腹洼地、河谷阶地等处活动。

生活习性： 大熊猫为独居动物，每天一半时间在进食，一半时间在睡觉。善于爬树，也喜欢嬉戏玩耍。虽然性情温顺，很少主动攻击其他动物，但在哺乳期和发情期却极易动怒。由于它们的生存环境良好，既有充足的食物，又缺少天敌，因此，形成了内八字的缓慢的行走方式。同时，也正由于它们行动迟缓，能量消耗降低，这样才使它们能适应低能量的食物。它们通常是通过尿液的气味标记领地，会在做标记的地方剥掉树皮或者留下抓痕。

饮食特性： 主要以竹子为食，最喜欢吃大箭竹、华西箭竹等。

繁殖特点： 大熊猫一生产仔数量少，而且幼仔不易成活，其种群增长十分缓慢。雌性大熊猫每年发情一次，每次只有2~3天，通常在每年3—5月。孕期为83~200天，幼仔通常在8月出生。照顾小熊猫非常不容易，抚养期通常长达18个月，有些甚至长达两年，一直到下一个幼仔出生才结束。

趣味小课堂： 大熊猫的学名原为“猫熊”，意思是“像猫的熊”。当年在重庆，人们展出熊猫标本时，指示牌上按外文书写方式从左向右写着“猫熊”，而过去中国的书写方式是从右向左，于是观众及记者们都把它念作“熊猫”，以讹传讹，大家就都把“猫熊”称为“熊猫”了。

大大的黑眼圈
解剖刀般锋利的爪子和发达有力的前后肢，有利于大熊猫快速爬上高大的乔木
腹毛略呈棕色

孕期：83~200天 | 社群习性：独居 | 保护级别：易危 | 体形大小：体长120~180厘米，尾长10~12厘米

孟加拉虎

又称印度虎
食肉目、猫科、豹属

颊部生有鬃毛

孟加拉虎虽然是目前地球上数量最多、分布区域最广的虎类，但它们仍然是濒危的野生动物之一。孟加拉虎体形硕大，四肢中长，头大且圆，吻部较短，颈部几乎和肩部一样宽。孟加拉虎的头部条纹较密，体毛稀疏且短，以棕色和白色为底，上有黑色的条纹，另外也有少量白底黑纹的白虎。耳背为黑色，有白斑。腹部为白色。

分布区域：主要生活在孟加拉国和印度境内，在尼泊尔、不丹、中国和缅甸也有分布。

栖息环境：栖息在森林、雨林、草地、沼泽。

生活习性：孟加拉虎为独居动物，具有一定的领地意识，领地范围由猎物数量、领地地形等多方面因素决定，一只老虎的领地面积从十几平方千米至上百平方千米不等。一般白天休息，夜晚捕食，捕食时会直接咬断猎物的脖颈或使其窒息而死。食量很大，一次可吃肉 18~35 千克，但之后可在几天内不进食。

耳背为黑色，
有白斑
头部的条
纹较密
毛稀疏而短，以
棕色及白色为底，
上有黑色的条纹
腹部呈白色

饮食特性：以各种哺乳动物为食，包括猴子、梅花鹿、水鹿等。

繁殖特点：孟加拉虎的发情交配期一般在 11 月至第二年 2 月，发情的时候叫声特别响亮，可传 2 千米远。孕期约为 105 天，每胎可产 1~5 仔，通常产 2 仔。幼仔重约 1 千克，哺乳期为 5~6 个月。雌虎和幼仔一起生活 2~3 年，此期间雌虎不发情交配。

趣味小课堂：1758 年，孟加拉虎被定为虎的模式种。当前共发现 4 个变种，分别是白虎、雪虎、金虎以及纯白虎。

孕期：约 105 天 | 社群习性：独居 | 保护级别：濒危 | 体形大小：雄性体长约 188 厘米，雌性体长约 166 厘米

大犰狳

又称巨犰狳，王犰狳
有甲目、犰狳科、大犰狳属

大犰狳长相独特，因浑身上下布满鳞状铠甲而被西班牙人称为“披甲猪”。犰狳的头骨长。其骨质甲覆盖头部、身体、尾巴和腿外侧，头部的前半部和后半部的骨质甲是分开的。这层骨质甲深入皮肤中，由薄的角质组织覆盖。它们的四肢比较结实，前肢有 3~5 趾，趾爪弯曲，后肢有 5 趾，有钝爪，可以用来挖洞。

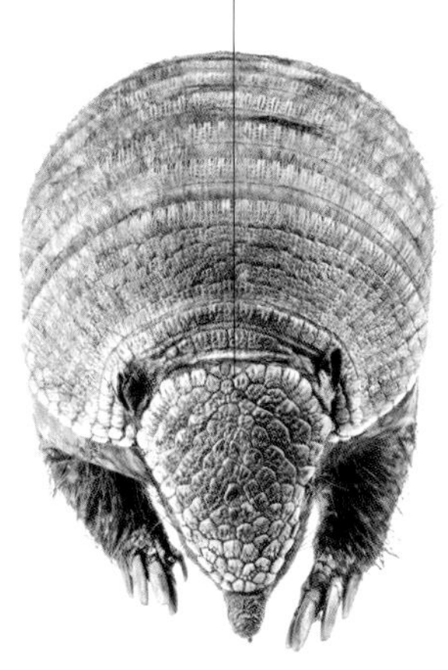

分布区域：分布于南美洲东部的巴拉圭、阿根廷、委内瑞拉、圭亚那和巴西的亚马孙河流域等。

栖息环境：栖息在热带森林靠近水边的地区。

生活习性：大犰狳为独居动物，常生活在洞穴里，昼伏夜出。它们是哺乳动物中拥有最完美的防御能力的动物，其防御手段包括：一逃、二堵、三伪装。所谓“逃”，即逃跑的速度快；所谓“堵”，即它们可用尾部盾甲堵住洞口，将捕食者堵在洞外；所谓“伪装”，即它们可以将身体蜷缩成球状，坚硬如“铁甲”，使捕食者无从下口。

饮食特性：以甲虫、蠕虫、白蚁、蚂蚁、小蜥蜴、蛇类和鸟卵等为食。

繁殖特点：大犰狳每年初夏交配，因胚胎着床延迟，幼仔于次年春季出生。每胎产 1~2 仔，幼仔出生时体重为 50~150 克，身体全长（鼻尖到尾尖）为 25~30 厘米，身被完整而柔软的鳞甲，随着年龄的增长，鳞甲逐渐变硬成革质。因为是由同一个受精卵发育而成，大犰狳所生同一胎幼仔的性别都是一样的。

孕期：40~120 天 | 社群习性：独居 | 保护级别：易危 | 体形大小：体长 75~100 厘米，尾长约 50 厘米，体重约 30 千克

马来熊

又称狗熊、太阳熊、小狗熊、小黑熊
食肉目、熊科、马来熊属

马来熊为国家一级保护动物，体形较小。全身呈黑色，身体圆胖。头部短圆，耳朵位于头部两侧较低的位置，小而圆。口鼻部突出，呈浅棕色或灰色。舌头长，适合舔食白蚁。颈部宽且短，周围一圈皮肤非常松弛。爪钩呈镰刀形，有利于攀爬。

分布区域： 分布于东南亚和南亚，包括老挝、越南、泰国、马来西亚、缅甸、印度、孟加拉国等，在中国也有少量分布。

栖息环境： 栖息在热带雨林和亚热带常绿阔叶林。

生活习性： 马来熊为独居动物，白天休息，夜晚活动。动作敏捷，善爬树，一般生活在离地面 2~7 米的树上。它们虽然怕冷，但由于生活在热带地区，食物的来源比较充足，因此，冬季并不冬眠。它们喜食蜂蜜和蛴螬，身上粗糙的短毛可使其免遭蜂蜇。它们有时也食白蚁，通常用两只前掌交替伸进蚁巢，然后舔食掌上的白蚁。颈部周围的皮肤非常松弛，若是此处皮肤被敌人咬住，马来熊可以立马扯起松弛的皮并反咬敌人。

眼小

耳小而圆，位于头部两侧较低的位置上

爪钩呈镰刀形，善于攀爬

口鼻突出，呈浅棕色或灰色
颈部宽而短，且周围的一圈皮肤极松弛
趾基部连有短蹼

饮食特性： 杂食性动物，以树叶、果实、蜂蜜、棕榈油及昆虫、鸟类、蜥蜴等为食。

繁殖特点： 全年都可以交配，交配期通常为每年 5—6 月。也有受精卵延迟着床的现象。每胎产 2~3 仔，幼仔非常脆弱，全身没有毛发，2~5 个月大的时候可以外出走动。

头部短圆

舌很长，适于舔食白蚁

孕期：约 96 天 | 社群习性：独居 | 保护级别：濒危 | 体形大小：体长 110~150 厘米，尾长 3~7 厘米

貂熊

又称狼獾、月熊、飞熊、熊貂、山狗子
食肉目、鼬科、貂熊属

貂熊为国家一级保护动物。体形较大，是体形最大的陆生鼬科动物。身体粗壮，头大耳小，四肢短健，爪子长而直，但不可以伸缩。貂熊全身呈棕褐色，体侧向后沿臀周有一半环状带纹，呈淡黄色，形状像月牙。尾巴长且粗大，尾毛呈丛穗状下垂，为黑褐色，很像貂尾。

头大
四肢短健，跖行性，
爪长而直，不能伸缩

毛发棕褐色，体侧向后
沿臀周有一淡黄色半环
状宽带纹，状似月牙
耳小
体形粗壮
尾巴长而粗大，尾毛
为黑褐色，呈丛穗状
下垂，与貂尾相似

分布区域： 主要分布于北极边缘及亚北极地区，即欧洲北部、亚洲北部及北美洲北部地区。

栖息环境： 栖息在亚寒带、寒温带的针叶林及冻土草原地带。

生活习性： 貂熊为独居动物，夜晚活动。视觉敏锐，嗅觉较差。善于奔跑、攀缘和游泳，性情机警、凶猛，力量也很大。在冬季可半冬眠，睡觉过程中，会时不时地走出洞外。不筑巢穴，常住在其他动物废弃的洞穴中，有时也住在石隙、树根、树洞中。为了能迅速躲避危险，它们所居住的洞穴通常有 2 个出口。毛皮又长又厚，具有良好的保温性。其毛色会随季节变换而变化，每年会换毛两次，冬毛颜色较深，夏毛颜色较浅。

饮食特性： 以狐狸、野猫、麝、水獭、松鸡、榛鸡、鼠类及植物性食物为食。

繁殖特点： 雌兽一年只发情 1 次，通常在秋季交配，受精卵有滞育现象，直到 12 月至第二年 3 月才着床发育。孕期为 121~272 天，每胎产 2~5 仔。刚出生的幼仔非常小，只有橘子般大，全身被灰白色的毛，只能闭着眼睛吃喝和睡觉。哺乳期为 8~10 周。

孕期：121~272 天 | 社群习性：独居 | 保护级别：濒危 | 体形大小：体长 60~105 厘米，尾长 17~26 厘米

驼鹿

又称犴、罕达犴、堪达犴
偶蹄目、鹿科、驼鹿属

驼鹿为国家一级保护动物，是世界上体形最大、身高最高的鹿。驼鹿身躯高大，四肢很像骆驼，肩部高耸，头大，眼睛小，脸部很长，但颈部较短。鼻子肥大并且有些下垂。只有雄性头上有角，呈扁平的铲子状。驼鹿全身毛色为棕褐色，夏季皮毛的颜色比冬季的要深。

头部很大

眼睛较小

鼻子肥大并且有些下垂

全身毛色为棕褐色，夏季皮毛的颜色比冬季的要深得多

肩部高耸，像骆驼背部的驼峰

雄兽头上有角，呈扁平的铲子状

分布区域： 分布于欧亚大陆的北部和北美洲的北部。

栖息环境： 栖息在北半球温带至亚北极气候带的针叶林及混交林，多在林中平坦和低洼地带、沼泽地带活动。

生活习性： 雄鹿通常独居，雌鹿和小鹿会集群而居。食量很大，全天都在觅食饮水，一天要吃掉超过 20 千克的植物。虽然视觉不好，但听觉和嗅觉都很灵敏。看起来高大笨拙，实际上动作却很灵活，可在积雪厚达 60 厘米的地面上自由活动，也可保持时速 55 千米连续跑几小时。善于跳跃，可取食高处的树枝、树叶。善于游泳，能一次游约 20 千米，甚至能横渡海峡，还能潜水至 5~6 米深处觅食水草。

饮食特性： 以草、树叶、嫩枝，以及睡莲、浮萍等水生植物为食。

繁殖特点： 从 8 月下旬开始发情，雌兽的发情期比雄兽晚一周左右。雄兽发情的时候非常兴奋，通过竞争得到交配权。孕期为 242~250 天，一般在第二年的 5—7 月生产，每胎产一仔，偶尔产 2 仔。雌兽生产完会立即站起来，幼仔也会挣扎着站起来，哺乳期约 3.5 个月。

孕期：242~250 天 | 社群习性：独居或群居 | 保护级别：低危 | 体形大小：体长 250~350 厘米，肩高 160~240 厘米

白鼬

又称扫雪鼬
食肉目、鼬科、鼬属

白鼬冬天常拖着尾巴行走在雪地上，并在雪上留下痕迹，因此又名“扫雪鼬”。身体细长，四肢短小。头部较短，鼻骨前端中央向上凸起，后缘的骨缝略凹。耳朵呈椭圆形。白鼬的毛色会跟随季节变化而变化，夏毛总体为灰棕色，足背为灰白色；冬毛则是纯白色，尾端为黑色。

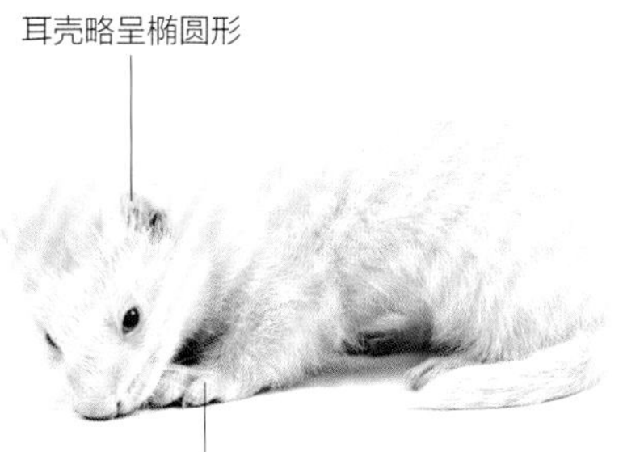
耳壳略呈椭圆形
四肢短小，跖行性，足掌被短毛，前、后足均有5趾，爪长而尖，但不坚硬

体毛短，唯有尾端毛长

鼻骨前端中央向上凸起，其后缘骨缝略凹
头较短
体形较小，细长
尾短，约为体长的1/3

分布区域：分布于欧亚大陆北部及北美洲北部地区。在中国，分布于黑龙江、内蒙古、甘肃、吉林、新疆、辽宁等地。

栖息环境：栖息在近村舍的针叶林或针阔混交林中，也栖息于草原、草甸、沼泽地、河谷地、半荒漠的沙丘、耕地及河湖岸边的灌丛等地。

生活习性：白鼬为独居动物，动作敏捷，视觉和听觉灵敏，夜行性，黄昏时开始活动。善于捕猎，觅食时，通常会伸长脖子，贴近地面行走，一边观察，一边匍匐着向前移动。遇到危险需急速奔跑时，背部会弯曲成弓形。正常状态下，通常用碎步快速行走。

饮食特性：主要捕食鼠类，也吃某些鸟类和一些小型哺乳动物，还吃植物浆果。

繁殖特点：发情期为每年2—4月，几乎持续整个春季。初夏开始交配。孕期为9~10个月，有受精卵延缓着床现象。通常第二年3—4月生产，每胎产4~9仔。幼仔刚出生的时候只有3~4克重，眼睛紧闭，发育比较慢，一个月的时候才能睁开双眼。哺乳期为42天。

趣味小课堂：白鼬主要捕食各种害鼠，对于农、林、牧业十分有益。白鼬的冬季毛皮质量很好，可以用作装饰皮料，以前为了获取皮毛，人们会猎杀它们。现在，大部分白鼬栖息地禁止人类捕猎。

孕期：9~10个月 | 社群习性：独居 | 保护级别：无危 | 体形大小：体长17~24厘米，尾长9~12厘米

棕熊

又称灰熊
食肉目、熊科、熊属

棕熊为国家二级保护动物，体形巨大，是最大的陆生哺乳动物之一。棕熊头大而圆，耳朵较小，尾巴较短。体形健硕，肩背、后颈部的肌肉隆起，前臂十分有力，挥击的时候具有很大的伤害力。尖爪比较粗钝。棕熊的被毛粗密，在冬天时长度可以达到 10 厘米，被毛颜色不一，有金色、棕色、黑色和棕黑色等。

前肢十分有力

尾巴较短

被毛粗密，冬季时被毛可达 10 厘米，颜色有金色、棕色、黑色和棕黑色等

分布区域：分布于欧亚大陆和北美洲的大部分地区。

栖息环境：栖息在寒温带的针叶林或者针阔混交林中。

生活习性：棕熊为独居动物，居住的领地范围较大。嗅觉很好，嗅觉灵敏度是猎犬的 7 倍，视觉较差，但捕鱼时能清晰地看到水中的鱼。它们具有较强的适应能力，荒漠、高山、冰原都有其身影。不同地区的棕熊喜欢不同的居住环境，北美棕熊喜欢居住在开阔地带，欧亚大陆的棕熊喜欢居住在密林中。棕熊有冬眠的习性，冬眠时，会出现体温下降、心跳减慢及排毒系统停止运作的现象，并且冬眠时还会产仔。棕熊相当好斗，尤其在保护领地和争夺食物的时候。棕熊之间主要是通过气味和声音交流，觅食的时候常会发出哼吟的声音。

饮食特性：杂食性动物，植物性食物占 60% 以上，其余则为动物性食物。

繁殖特点：交配季节一般为每年 5—7 月，母熊在发情期间可以和多只公熊交配。母熊体内的受精卵发育到胚泡期，之后延迟进入子宫。当母熊冬眠时，胚泡才被植入。随后的孕期为 6~8 周，分娩时间为 1—3 月。总妊娠时长为 6~9 个月，分娩之后母熊至少 2 年内不再排卵。每胎通常产 2~4 仔，幼仔刚出生的时候很小，全身无毛，眼睛紧闭，1 个月之后睁开眼睛。哺乳期为 18~30 个月。

孕期：6~9 个月 | 社群习性：独居 | 保护级别：无危 | 体形大小：体长 1.5~2.8 米，肩高 0.9~1.5 米

西伯利亚虎

又称东北虎、阿尔泰虎
食肉目、猫科、豹属

西伯利亚虎是体形最大的猫科动物。它们目光如炬，身体强壮厚实，头大且圆，前额上有黑色横纹，很像“王”字，所以有“森林之王”的美称。耳朵短圆，背面为黑色，中央有一块白斑。钩爪非常尖硬，利于捕食。西伯利亚虎全身布满黑色条纹，毛色艳丽，夏毛为棕黄色，冬毛为淡黄色，腹部为白色。

分布区域：分布于亚洲东北部，即俄罗斯西伯利亚地区、朝鲜和中国东北地区。

栖息环境：栖息在落叶阔叶林和针阔混交林中，也常出没于山脊、矮林灌丛和岩石较多的山地。

生活习性：西伯利亚虎为独居动物，没有固定的巢穴，经常在山林之间游荡。白天的时候休息，通常在黄昏时开始活动。具有领地意识，活动范围可达 100 平方千米以上。拥有锋利的钩爪，为了避免行走时摩擦地面，钩爪可缩回爪鞘。

饮食特性：主要捕食鹿、羊等大中型哺乳动物，也捕食小型哺乳动物和鸟类。

繁殖特点：西伯利亚虎冬季发情交配，交配期一般在 11 月至第二年 2 月，发情期叫声特别响亮，能传达 2 千米远。每胎产 2~4 仔。

耳短圆，背面黑色，
中央带有一块白斑
毛色艳丽，
夏毛棕黄色，
冬毛淡黄色

孕期：105~110 天 | **社群习性：**独居 | **保护级别：**濒危 | **体形大小：**体长 2~2.3 米，体重 170~250 千克

三趾树懒

披毛目、树懒科、树懒属

三趾树懒是树栖动物，外形与猴相似，动作非常迟缓，经常挂在树枝上一动不动，所以被称为“树懒”。三趾树懒的头短且圆，耳朵较小，隐藏在毛里。鼻部和吻部明显缩短。尾巴较短，前肢长于后肢。三趾树懒的毛蓬松，长且厚，全身毛色为灰褐色，身上长有一层藻类植物，所以外表呈绿色。

分布区域：分布于中美洲和南美洲，包括委内瑞拉、圭亚那、哥伦比亚、厄瓜多尔、秘鲁、巴西等。

栖息环境：栖息在中美洲和南美洲的热带雨林中。

生活习性：三趾树懒为独居动物，虽然有脚，但是不能走路。它们常年居住在树上，已经无法在地面生活，有时抱着树枝、依靠四肢在树上缓慢地爬行，有时则长时间倒挂在树上。它们身上长满藻类，呈绿色，与周围环境完美地融为一体，可起到隐蔽的作用，使它们在森林中难以被发现。由于它们常倒挂在树枝上，因此，它们的毛发逆向生长。

饮食特性：以树叶、嫩芽、果实为食。

繁殖特点：三趾树懒全年都可以繁殖，每胎产一仔。

前、后肢均有 3 趾，
均有可屈曲的锐爪，
前肢长于后肢
头短圆，头骨短而高

孕期：约 180 天 | **社群习性：**独居 | **保护级别：**无危 | **体形大小：**体长 50~60 厘米，体重 4~5 千克

树熊猴

灵长目、懒猴科、树熊猴属

树熊猴身体细长，四肢较长，前肢比后肢略短。眼睛较大，耳朵为圆形。它们也有其他懒猴科动物的特征，比如具有湿鼻子和牙梳。手以及脚上残留的第二个指（趾）和拇指（趾），可以形成抓住树枝的抓握力。树熊猴全身的毛很浓密，呈灰褐色。

分布区域： 分布于非洲。

栖息环境： 栖息在热带雨林中。

生活习性： 树熊猴通常独居，也会成对生活。领地很大，通过尿液和腺体分泌物来标记。动作缓慢，行为谨慎，常昼伏夜出。它们跑得不快，但有自己独特的自卫方式，它们的肩胛骨有一长突起，当遇到袭击时，它们会弓起身体，让敌人只能咬到肩胛处，肩胛长而尖利的突起会让敌人无从下口。

饮食特性： 以昆虫及鸟类为食，有时也吃野果。

繁殖特点： 繁殖时间因地区不同而不同，每胎产一仔，刚出生的时候幼仔体重为 30~52 克。哺乳期为 120~180 天。

耳朵较小

长有善于抓握的手，拇指和其他手指相对，可以握紧各种不同形状的树枝

眼睛突出

毛发卷曲，呈灰褐色

孕期： 194~205 天 | **社群习性：** 独居 | **保护级别：** 近危 | **体形大小：** 体长 30~40 厘米，尾长 3~15 厘米

眼镜猴

又称跗猴

灵长目、眼镜猴科、眼镜猴属

眼镜猴体形袖珍，是目前已知最小的灵长类动物。它们的显著特征是拥有两只圆溜溜的大眼睛。眼镜猴对危险非常敏感，它们拥有一对大耳朵，因此听觉非常灵敏，能觉察出周围环境的细微变化。它们的尾巴很长，几乎是身体的 2 倍，起着支撑和平衡的作用。背毛质地柔软，带有银色光泽，为灰色。腹毛呈浅灰色。

分布区域： 分布于印度尼西亚的苏门答腊岛南部，菲律宾的萨马岛、莱特岛、迪纳加特岛、锡亚高岛和棉兰老岛等岛屿。

栖息环境： 栖息在热带和亚热带森林，喜欢生活在茂密的次生林和灌丛中。

生活习性： 眼镜猴独居或成对居住，白天睡觉，夜间活动。可以在树枝间跳跃，但从不下到地面活动。听觉敏锐，颈部几乎能够旋转 360°。

饮食特性： 以昆虫、青蛙、蜥蜴及鸟类等为食。

繁殖特点： 眼镜猴一年生一胎，每胎产一仔。幼仔出生的时候只有 6 厘米长，身上有绒毛，刚出生就可以抓住母亲或紧抱树枝。

眼睛非常大，直径达 16 毫米

前肢短、后肢长，趾尖有圆形吸盘

孕期： 约 180 天 | **社群习性：** 独居或成对 | **保护级别：** 濒危 | **体形大小：** 身长 8.5~16 厘米，尾长 13~27 厘米

针鼹 单孔目、针鼹科、针鼹属

针鼹是澳大利亚的特有物种，外形与刺猬相似，是为数不多的卵生哺乳动物之一。它们的背部长满了针刺，腹面没有刺。长嘴坚硬，没有毛，呈管状。四肢坚硬，趾上有钩爪，长而尖锐。外表的毛发呈褐色或黑色。它们主要以蚂蚁为食，而蚂蚁的生存能力极强，在全世界均有分布，从而为它们提供了充足的食物来源，这也是它们能够生存下来的原因之一。

外形似刺猬
尾巴极短

吻尖短而直，
外包有角质鞘
身上有坚硬的刺，
刺间和腹面有细毛
眼睛很小
腿短，前后足各有5爪，
长而锐利，适于挖掘

分布区域：分布于澳大利亚和新几内亚岛。

栖息环境：栖息在灌丛、草原、疏林和多石的半荒漠地区等。

生活习性：针鼹为独居动物，腿粗壮有力，像铲子一样，适合挖掘，可以快速掘土。针刺十分锐利，长有倒钩。它们逃脱敌人的方法有好几种：或缩球状；或钻进松散的泥土；或迅速转身背对敌人，将针刺飞速射出，刺入敌人体内。不久以后，针刺脱落的地方还会长出新的针刺。它们视力不好，但能敏锐地察觉土壤中的震动。一天有18小时需要找食，用鼻子来寻找蚁类和蚯蚓及其他无脊椎动物。进食的时候不能咀嚼，这是因为它们没有咀嚼肌，也没有牙齿，所以只能把食物放在舌头后部压碎。

饮食特性：以蚁类等为食。

繁殖特点：繁殖期为每年5月，此时雌兽腹部会长出临时的新月形育儿袋，袋内布满粗毛，是由肌肉收缩形成的皮肤褶皱，卵可以在里面孵化。雌兽通常每胎仅产1枚卵，偶尔产2枚。卵呈白色，表面比较粗糙，可附着在育儿袋里面。刚孵化出来的幼仔会舔食从母亲乳腺流出的乳汁，它们在育儿袋里一直生活到长出针刺，时间一般为6~8周。

孵化期：7~10天 | 社群习性：独居 | 保护级别：无危或极危 | 体形大小：体长40~50厘米，体重5~10千克

袋熊

双门齿目、袋熊科、袋熊属

袋熊是澳大利亚特有的物种，长相像熊，但比熊小，体形粗壮，腿短。袋熊的脸部像老鼠，头骨略扁平。母袋熊有一育儿袋，内有乳头。四肢短且有力，前足有 5 趾，爪子宽且长。尾巴非常短，几乎看不到。体毛较粗，呈灰褐色。它们的新陈代谢非常慢，因此更适合在干燥的环境中生活。

脸似鼠，头骨略扁平

分布区域：分布于澳大利亚东部、南部及塔斯马尼亚岛。
栖息环境：栖息在温带地区开放的森林、草原、丘陵或海岸。
生活习性：袋熊喜欢独居，有时候也成 2~3 只的小群生活。夜行性动物，白天在洞里休息。善于挖洞，居住的洞穴比较大，一般纵深可达 10 米。它们动作缓慢，但遇到危险时，逃跑时速却可达 40 千米。一般比较温顺，但如果遇到危险，也会奋起反击，如被地下掠食者攻击，它们就会破坏地下掠食者的藏身通道，使掠食者窒息。
饮食特性：植食性动物，以灌木、树木、真菌、树皮、苔藓、树叶和沼泽植物等为食。
繁殖特点：通常在夏季繁殖，孕期为 1 个月，每胎产一仔。雌兽在育儿袋中仍有幼仔之时依旧可以交配受孕，受精卵发育到 100 个细胞阶段停止发育。若育儿袋中的幼仔未存活，胚胎就继续发育。所以雌兽可能几个星期之后又生第二个幼仔。幼仔刚出生的时候体长约 2 厘米，体重约 2 克，8~9 个月之后出袋活动。

长相像熊，但比熊小，身体矮胖敦实，体形粗壮

眼小

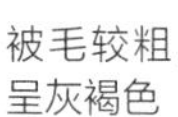

被毛较粗，呈灰褐色

四肢短而有力，前足 5 趾，爪子又宽又长，后足第 3 趾和第 4 趾合并

孕期：约 1 个月 | **社群习性：**独居或成小群 | **保护级别：**无危 2 种，极危 1 种 | **体形大小：**体长 70~110 厘米，体重 20~35 千克

树袋熊

又称考拉、无尾熊、可拉熊

双门齿目、树袋熊科、树袋熊属

树袋熊是一种树栖动物，这种动物只生活在澳大利亚，是澳大利亚的象征。其体形肥胖，毛比较厚，没有尾巴，全身为浅灰色到浅黄色，腹部的颜色相对较亮。鼻子大而圆，但光秃秃的，脑袋也是圆圆的，耳朵上的毛比较蓬松。它们性情温顺，周身被浓密的灰褐色短毛，憨态可掬，极像小熊。

分布区域： 分布于澳大利亚。

栖息环境： 栖息在澳大利亚大分水岭东北部、东部沿海地区和内陆低地的桉树林中。

生活习性： 树袋熊为独居动物，特别喜欢睡觉，每天约有 22 小时在睡觉，不睡觉的时候，几乎都在吃东西。树袋熊从小就会爬树，下树的时候总是倒退着，通常屁股先着地，动作十分缓慢。为了降低能量消耗，它们喜欢在夜间和晨昏时活动。很少饮水，因为其所食的桉树叶中含有大量水分，可满足它们 90% 的水分需要，只在生病或天气干旱时它们才饮水。

饮食特性： 以桉树的树叶和嫩枝为食。

繁殖特点： 繁殖季节，成年雄性会在夏季的夜晚走来走去，如果遇上发情的雌性，它们可能会进行交配。交配时间一般少于 2 分钟，在树上进行。孕期约 35 天，每胎只产一仔。雌性可以连续数年繁殖，最高为 18 年。

四肢修长且强壮，前肢与后肢几乎等长

种群现状： 2019 年 11 月，澳大利亚东南部地区林火持续燃烧，两个月的大火毁掉了树袋熊 80% 的自然栖息地，至少 1000 只树袋熊死于这次大火。栖息地锐减以及气候变化和疾病威胁等，使澳大利亚树袋熊的数量大大减少，已面临功能性灭绝的危险。

耳朵较大，且有绒毛

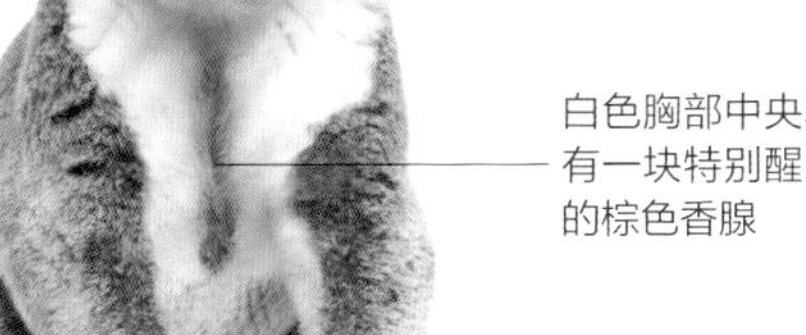

鼻子裸露且扁平

白色胸部中央具有一块特别醒目的棕色香腺

孕期：约 35 天 | 社群习性：独居 | 保护级别：易危 | 体形大小：身长 65~82 厘米，体重 6~14 千克

蜘蛛猴

灵长目、蛛猴科、蛛猴属

蜘蛛猴四肢修长，似一只大蜘蛛，故得此名。蜘蛛猴的头又小又圆，尾巴比较长，可以抓住树枝。不同种类的蜘蛛猴毛发颜色不一，有灰色、红色、深褐色以及黑色几种，它们的大小也不一样。其尾巴尖端约 20 厘米的一段毛稀少，腹面裸露，上有一道道胶鞋底纹一样的皱纹。

分布区域：分布于墨西哥以南到巴西的广大地区。

栖息环境：栖息在中南美洲的热带雨林中。

生活习性：蜘蛛猴为群居动物，睡觉的时候会聚在一起，白天散开各自觅食。尾巴的抓握能力极强，既可以协助攀登，又可以帮助逃生，还可以倒挂着睡觉，甚至可以像人手一样采摘食物、捡拾东西。它们是树栖动物，动作敏捷，又生性好动，绝大部分时间在树上活动，用修长的四肢在树上跳跃爬行。有时也在地上活动，可以直立行走。它们非常怕冷，只能在热带丛林中生存。

饮食特性：以果实、树叶、花蕾为主食。

繁殖特点：发情期平均为 26 天，雄性需要追求雌性 3 天才能与其交配，交配时间约 10 分钟。孕期为 226~232 天，每胎产一仔。

尾巴比身体还长，
长度超过 60 厘米
头又圆又小
身体瘦小，
四肢细长
手没有拇指，
能直立行走

孕期：226~232 天 | **社群习性：**群居 | **保护级别：**濒危 | **体形大小：**体长 35 ~66 厘米，尾巴长 60~92 厘米

卷尾猴

又称白头卷尾猴、白面卷尾猴

灵长目、卷尾猴科、卷尾猴属

体毛多为黑色
脸部周围为白
色或黄白色
尾巴卷曲
四肢长有扁甲

卷尾猴是一种小型猴类。尾长和身长相同，而尾端会卷成一圆圈，因此而得名。卷尾猴的头顶有簇状毛，有一个“V”形区域。体毛多为黑色，脸周为白色或黄白色，脸部以及肩膀为粉红色，喉部为白色。

分布区域：分布于南美洲和中美洲地区。

栖息环境：栖息在湿润的雨林，最高海拔为 2700 米。

生活习性：卷尾猴为群居动物，社会性很强，通常白天结群活动，每群有 10 只左右，但有时也会结成大的猴群，成员甚至多达 500 只。雄性为群体的核心，且雄性数量多于雌性。它们是一种非常聪明的猴类，脑容量为 79 克。它们性情温顺，动作迟缓，惹人怜爱，那条可以卷曲缠绕的长尾巴更是引人注目。

饮食特性：主要以植物为食，取食野果、嫩枝和树叶，也吃昆虫和鸟卵等。

繁殖特点：全年都可以繁殖，孕期为 180 天。每胎产一仔，群体中的所有成员都会照料幼仔。

孕期：180 天 | **社群习性：**群居 | **保护级别：**无危 | **体形大小：**体长约 43.5 厘米，体重约 3.9 千克

环尾狐猴

又称节尾狐猴
灵长目、狐猴科、狐猴属

环尾狐猴是狐猴的一种，较为原始，其最显著的特征是黑白条纹的环尾。环尾狐猴的头较小，额较低，耳朵较大，两耳长有绒毛，头部两侧也长有长毛。吻部长且突出，下门齿呈梳状，看上去很像狐狸，因为尾巴上有环节斑纹而得名。环尾狐猴背部的毛呈浅灰褐色，腹部的毛为灰白色。其额部、耳朵以及颊部为白色，吻部呈黑色，眼周也是黑色。

头小
腹部为灰白色

分布区域： 分布于马达加斯加岛南部和西南部。

栖息环境： 栖息在干燥的森林和丛林中。

生活习性： 环尾狐猴为群居动物，多成 5~20 只的群体活动，善于跳跃和攀爬，是唯一一种在白天活动的狐猴。性情温和，喜欢聚在一起活动。后肢比前肢长，在树枝间可以一跃 9 米，掌心和脚底有长毛，能够增加起跳和落地时的摩擦力，所以不会滑倒。它们甚至可以像人一样直立行走，长尾巴可以起到平衡作用。

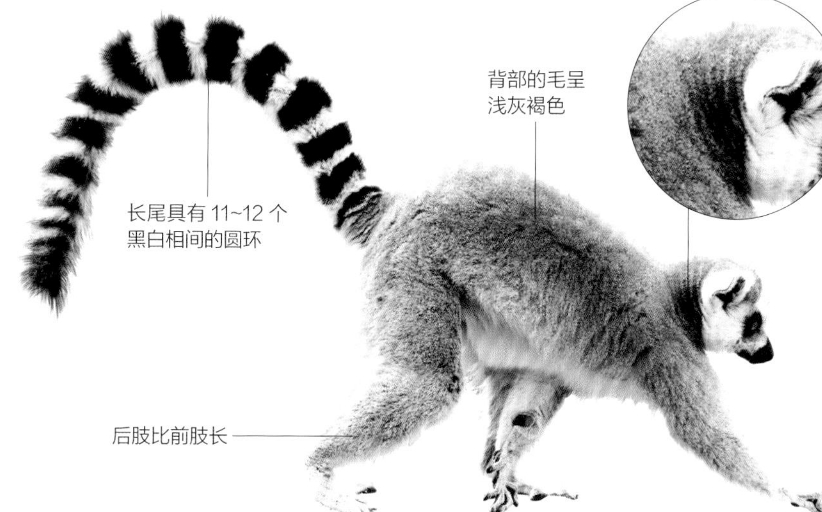
背部的毛呈
浅灰褐色
头部两侧
长毛丛生
长尾具有 11~12 个
黑白相间的圆环
后肢比前肢长

饮食特性： 以树叶、花、果实以及昆虫等为食。

繁殖特点： 环尾狐猴的发情期通常在 11—12 月，此时为了争夺雌兽，雄兽之间会展开战斗，胜利者才能与雌兽交配。孕期约 5 个月，每胎产 1~2 仔。幼仔 6 个月后独立生活。

趣味小课堂： 环尾狐猴的尾巴经常高高翘起，从远处看也十分醒目，这样做可以帮助它们与同类保持联系。环尾狐猴的尾巴上还有特殊的气味，气味来自其上臂内侧及肛门处的角质化斑粒状腺体分泌物，不同的个体，气味也不相同，好似人类的指纹一般具有辨别的作用，可以显示气味的主人在群体中的地位。此外，这些气味还有划定群体领地边界的作用。

孕期：约 5 个月 | 社群习性：群居 | 保护级别：濒危 | 体形大小：体长 30~45 厘米，尾长 40~50 厘米

亚洲象

又称印度象、野象
长鼻目、象科、象属

亚洲象是亚洲最大的陆生哺乳动物，为国家一级保护动物，长长的鼻子是它们最突出的特征。象鼻可垂到地面，是呼吸器官和上唇的延长体，由 4 万多条肌纤维组成，里面的神经组织非常丰富。象鼻不仅是嗅觉器官，还是取食、饮水的工具，以及自卫的武器。亚洲象四肢粗大，耳朵很大，向后可以遮住颈部两侧。尾巴短且细，皮肤比较厚，有很多褶皱。全身呈深灰色或者棕色。

分布区域： 分布于东南亚、南亚等热带地区，包括印度、尼泊尔、斯里兰卡、缅甸、泰国、越南、印度尼西亚和马来西亚等国家。中国也有分布。

栖息环境： 栖息在亚洲南部的热带雨林、季雨林及林间的沟谷、山坡、稀树草原、竹林及其宽阔地带。

生活习性： 亚洲象为群居动物，群体有数十头象组成，首领为成年雌象。没有固定住所，活动范围广。体毛少，有褶皱，很容易生皮肤病，需要经常洗澡或做泥浴。一天大约要走 16 小时觅食，路径长 3~6 千米。象鼻顶端的小突起上有许多神经细胞，因此象鼻非常灵敏，可以任意转动和弯曲，相当于人手。

饮食特性： 主食竹笋、嫩叶、野芭蕉和棕叶芦等。

繁殖特点： 亚洲象没有固定的发情期，繁殖率比较低，5~6 年繁殖一次。孕期约 22 个月，每胎产一仔。刚出生的小象重约 100 千克，由母象和象群其他成员一起照顾。

前额左右有两块隆起，称为“智慧瘤”，其最高点位于头顶，但它们的大脑却很小

四肢粗大强壮，几乎垂直于地面，像 4 根柱子，前足 5 趾，后足 4 趾

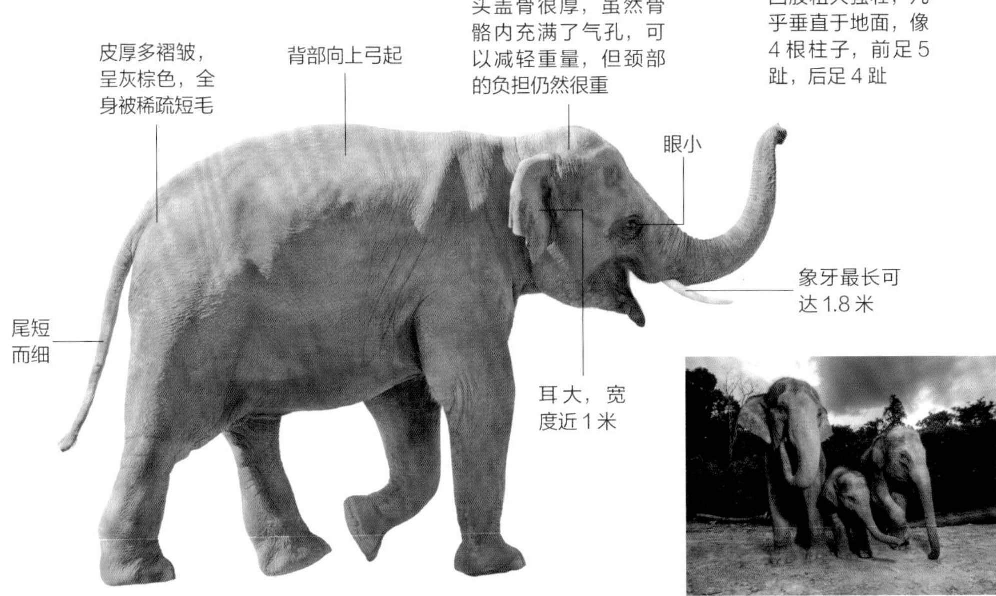

皮厚多褶皱，呈灰棕色，全身被稀疏短毛

背部向上弓起

头盖骨很厚，虽然骨骼内充满了气孔，可以减轻重量，但颈部的负担仍然很重

眼小

象牙最长可达 1.8 米

尾短而细

耳大，宽度近 1 米

孕期：约 22 个月 | 社群习性：群居 | 保护级别：濒危 | 体形大小：体长 5~7 米，肩高 2.4~3 米，尾长 1.2~1.5 米

蜜獾 食肉目、鼬科、蜜獾属

蜜獾又称“平头哥”，被吉尼斯世界纪录命名为“最无所畏惧的动物”。背部为灰色，皮毛松弛，非常粗糙。蜜獾的身体比较厚实，头部宽阔，眼睛较小，外表上看不出耳朵，鼻子平钝。蜜獾的爪子比较强壮，可以捣毁蜂巢，而且其皮肤和粗糙的毛能够抵御蜂群的攻击，因喜欢食用蜜蜂幼虫和蛹而得名。

头部宽阔
爪子强壮，可以捣毁蜂巢

眼睛小
背部灰色
鼻子看起来较平钝
身体厚实，皮毛松弛且非常粗糙

分布区域： 分布于非洲，以及亚洲西部和南部地区。

栖息环境： 栖息在热带雨林和开阔草原地区。

生活习性： 蜜獾独居或成对生活，通常在黄昏和夜间活动，白天在洞中休息。它们看起来性格温顺，但实际上攻击性极强，几乎会攻击所有动物，尤其是对待异类会更加凶猛。它们还很聪明，会使用简单的工具，能迅速觉察到敌人的弱点。它们最有力的武器不是尖牙利爪，而是它们的凶猛及不屈不挠的斗志。它们很勇敢，无所畏惧，为得到蜂蜜会直接冲进蜂箱，能够杀死鳄鱼幼仔，也是捕蛇高手，就连狮子、豹子等猛兽都不愿去招惹它们。

饮食特性： 主要以小型哺乳动物、蜜蜂幼虫、鸟类以及浆果、坚果等为食。

繁殖特点： 孕期为 5~6 个月，幼仔独立前完全依赖母亲，12~16 个月之后才独自生活，所以其生育间隔超过 12 个月。它们为了觅食和哺育，活动范围超过 120 平方千米。母蜜獾每 3~5 天就要叼着两个月大的孩子，奔走近 2 千米来寻找新洞穴。

趣味小课堂： 蜜獾很喜欢吃蜜蜂幼虫，它们和黑喉响蜜䴕建立了有趣的“伙伴”关系。响蜜䴕擅长寻找蜂巢，但它们破不开蜂巢，每当它们发现蜂巢的时候，便会用叫声吸引蜜獾。蜜獾跟着响蜜䴕找到并用爪子扒开蜂巢，然后它们会一起享用这甜蜜的“大餐”。

孕期：5~6 个月 | 社群习性：独居或成对 | 保护级别：无危 | 体形大小：体长 60~77 厘米，尾长 20~30 厘米

婆罗洲猩猩

又称红猩猩、红毛猩猩
灵长目、人科、猩猩属

婆罗洲猩猩是珍稀的灵长类动物，因身上长有红色毛发而又被称为“红毛猩猩”。生活在亚洲，憨态可掬，非常可爱。雄性比雌性大，站立的时候双臂下垂可以达到脚踝部。手臂粗壮有力，腿没有手臂粗壮。红毛猩猩的体毛稀疏，呈暗红褐色。前额和嘴都突出。

体毛长而稀少，毛发为暗红褐色，较粗糙，幼仔毛发为亮橙色，某些个体成年后毛色变为栗色或深褐色

雄性脸颊上有明显的由脂肪组织构成的“肉垫”

面部赤裸，为黑色，但是幼年时的眼部周围和口鼻部为粉红色

分布区域：分布于文莱、印度尼西亚、马来西亚。

栖息环境：栖息在热带雨林中。

生活习性：婆罗洲猩猩雄性单独居住，雌性独居或和小猩猩住在一起。它们为树栖动物，常常单独行动，擅长模仿学习，可利用工具获得食物。婆罗洲猩猩白天活动，晚上睡觉，大部分活动时间被用来寻找食物。和其他类人猿相比，婆罗洲猩猩更喜欢待在树上，它们一般在距地面 10 米左右的树杈上搭窝，窝里还铺有树叶。它们性格比较温顺，轻易不生气，但发怒的时候也很凶猛。

饮食特性：主要吃果实、嫩枝、花蕾、蔓生植物，也吃鸟卵和昆虫等。

繁殖特点：在所有哺乳动物中繁殖速度最慢，生殖间隔期约 8 年。孕期为 235~270 天，每胎产一仔，初生的幼仔体重约 1.6 千克，刚生下来就可以抓握东西，可抓住母亲的长毛并吮奶。

种群现状：婆罗洲猩猩在东南亚被无情猎杀，这和其庞大的身躯以及缓慢的动作有关，这些都使它们成为易猎杀目标。过去几十年里，婆罗洲猩猩数量下降已超过 50%，主要是因为栖息地的丧失以及人类的无序扩张。

孕期：235~270 天 | 社群习性：不定 | 保护级别：濒危 | 体形大小：雄性体长 90~100 厘米，雌性体长 70~90 厘米

北美浣熊

又称浣熊

食肉目、浣熊科、浣熊属

耳朵略圆，上方有白毛

北美浣熊的雄性稍大于雌性。全身毛色为灰棕色，也有呈棕色、黑色、淡黄色的，以及罕见的白化种。面部有黑色的眼斑，看上去比较滑稽。浣熊的尾部有 5~7 条黑白相间的环纹。它们的爪子不可以收缩，而且不锋利，但手掌灵活，可以抓住飞行的虫子。浣熊很喜欢吃鱼，常在河边捕食鱼类。

全身通常为深浅不一的灰色，也有呈棕色、黑色、淡黄色的，以及罕见的白化种

尾长，有黑白环纹，也有少数黄白相间，5~7 个环

体形较小

前、后足均有 5 趾，脚趾常分开，能抓握东西

分布区域：主要分布于美洲地区，包括加拿大、危地马拉、洪都拉斯、墨西哥、巴拿马、美国等地。欧洲地区也有发现，如奥地利、比利时、捷克、法国、德国等地。

栖息环境：环境适应能力比较强，生活在潮湿的森林地区。

生活习性：浣熊为独居动物，通常单独活动，雌性和幼仔会一起生活。经常栖息在靠近水源处的树林中，白天休息，夜晚活动、觅食。它们如果发现鸟卵，会用爪子在上面挖洞，然后吸食汁液。吃东西的时候，可以用两只前足抓起食物来吃。通常在冬天开始时就储存脂肪，体重因脂肪的增加而增加，相当于春天时的两倍。一般在树上建巢，如果受到袭击，可随时逃到树梢上躲起来。在极冷、多雪的时候，北美浣熊会长时间睡眠，但并不是冬眠。此时，它们的新陈代谢率和体温恒定，依靠脂肪储备为生，可能会损失 50% 的体重。

饮食特性：春天和初夏主要食昆虫、蠕虫等，夏末及秋、冬季主要食水果和坚果。

繁殖特点：浣熊每年 1—3 月发情，高峰期在 2 月。发情的时候，母浣熊会坐卧不安，不停地走动。每年产一胎，通常 1 胎产 2~5 仔。母浣熊在生产前一天，会蜷缩在巢内，不进食。幼仔出生的时候双眼紧闭，出生之后 9 周内完全喝母乳，哺乳期为 16 周。

眼睛周围有黑色区域，并与其周围的白色脸颊形成鲜明对比

孕期：60~73 天 | 社群习性：独居 | 保护级别：无危 | 体形大小：体长 40~65 厘米，尾长 25~35 厘米

夜猴

又称鸮猴、猫头鹰猴
灵长目、夜猴科、夜猴属

夜猴是唯一昼伏夜出的高等灵长动物。其长相奇特，身体只有松鼠那么大，四肢细长。眼睛很大，周围有白色的毛，上方长有棕黑色的额毛，眼球突出。夜猴身上长满绒毛，柔软而浓密，呈淡棕灰色，杂有一些橄榄绿色，使它们在树上可以隐蔽起来。夜猴的眼睛集光能力很强，在黑暗环境里也能看清正在飞的昆虫。

眼睛很大，周围有白色的毛，上方长有棕黑色的额毛，眼球突出

身上长满绒毛，毛发美丽而柔软

分布区域： 分布于南美洲，包括巴西、委内瑞拉等地。
栖息环境： 栖息在热带雨林中。
生活习性： 夜猴以家庭为单位居住和活动，是群居动物。像猫头鹰一样昼伏夜出，喜欢在夜间活动、觅食。主要依靠叫声来沟通，叫声复杂多变、时高时低，不仅能发出“叽叽喳喳”的尖叫声、雷鸣般的“隆隆”声，还可以发出清脆的“噔噔”声，就算在猴类中也是非常独特的。它们还是一种十分敏感的动物，对于突如其来的动作、声音，反应会相当强烈，特别是当它们在打盹或睡觉时，遇到刺激会立刻跃起，然后快速逃跑。
饮食特性： 以野果以及昆虫、蜗牛、雨蛙、鸟卵、蜂蜜等为食。
繁殖特点： 孕期为 5~6 个月，每胎产一仔，幼仔刚出生的时候重约 80 克。

脸部长着短而稀的毛

毛呈淡棕灰色，杂有一些橄榄绿色

爪子细长，长短比例跟人类相似

趣味小课堂： 夜猴吃东西的时候很仔细，会先将食物拿到眼前检查之后再吃，吃昆虫的时候会用大拇指和食指捏住昆虫翅膀，再用另一只手将昆虫脖子折断，然后慢慢吃。

孕期：5~6 个月 | 社群习性：群居 | 保护级别：无危 | 体形大小：体长 24~37 厘米，尾长 31~40 厘米，体重 0.6~1 千克

披毛犰狳

又称鼬头犰狳
有甲目、披毛犰狳科、披毛犰狳属

披毛犰狳全身长有鳞片，尾巴和腿上也有鳞片，鳞片之间还长着毛。鳞片由许多细小骨片构成，每个骨片上都覆有一层角质的鳞甲，可用来抵御敌人。它们的鳞片将身体的大部分覆盖，只在腹部和四肢盾板之间有柔软的皮肤裸露，上面还有稀疏的毛发。四肢结实，前、后足大而有钝爪。披毛犰狳可以把身体蜷缩成球状，以此来御敌。

分布区域：分布于南美洲的巴拉圭、玻利维亚和阿根廷中部。

栖息环境：栖息在森林、草原和半荒漠地带。

生活习性：披毛犰狳为夜行性动物，昼伏夜出，此外，它们擅长游泳。披毛犰狳拥有一种独特的逃生方式，当遇到捕食者且来不及逃跑的时候，它们会将四肢缩到身体下方，然后把整个身体平贴在地面上，仅露出覆盖着坚硬鳞甲的背部，这样一来，捕食者就无法下口了。当然，如果逃生时间充足，它们会利用强健的爪来掘土挖洞，然后钻到洞里躲避危险。

饮食特性：杂食性，主要以植物为食，也吃无脊椎动物、小型脊椎动物。

繁殖特点：每年春季生产一次，孕期为2个月。哺乳期为50~60天。

腹部无鳞片，只有毛
头骨长
身体前后两部分有整块不能伸缩的骨质鳞甲覆盖

孕期：2个月 | 社群习性：独居 | 保护级别：低危 | 体形大小：体长22~40厘米，尾长9~17厘米

南浣熊

又称长吻浣熊
食肉目、浣熊科、南美浣熊属

南浣熊喜欢爬树，在地面的时候尾常竖立。南浣熊的皮毛呈红褐色至灰色，吻部、鼻和颈部呈白色。脸有黑色及灰色斑，腹部颜色较淡，双足呈黑色，短而有力。尾巴呈黑至棕色，环饰黄色皮毛。南浣熊是树栖动物，可在树上睡觉、交配和生育。

分布区域：分布于美洲大陆。

栖息环境：常在落叶林和常绿森林中活动，热带雨林中也有它们的踪迹。

生活习性：南浣熊雄兽独居，雌兽散居。一般在白天行动、觅食，但也有少数成年雄性个体喜欢在夜间活动。善于攀爬，大多数时间生活在树上，只有在危险发生时，才会从树上下来。不喜欢在树枝间上下移动，通常横向移动，并用尾巴保持平衡。如果在地面行走，通常会竖起尾巴，尾端则呈弯曲状。

饮食特性：杂食性动物，以水果为食，也吃小型动物。

繁殖特点：繁殖季不固定，有的是1—3月，有的则为10月至次年2月。每胎产3~7仔。哺乳期为4个月。

上体为红棕色与黑色混合
耳朵小而圆，内圈白边
黑色至棕色的尾巴环饰黄色皮毛
前肢短，后肢长，黑色双足短而有力

孕期：10~11周 | 社群习性：雄性独居，雌性散居 | 保护级别：无危 | 体形大小：体长41~67厘米，尾长32~69厘米

松鼠猴

灵长目、卷尾猴科、松鼠猴属

松鼠猴主要生活在南美洲，体形较小。毛厚且柔软，体色鲜艳多彩，毛色大部分为金黄色，吻部为黑色。眼圈、耳缘、脸颊、喉部均为白色。背部、手和脚为红色或黄色，腹部为浅灰色。松鼠猴眼睛比较大，眼距较宽，耳朵也较大，尾巴还可以缠绕在树枝上，观赏价值较高。

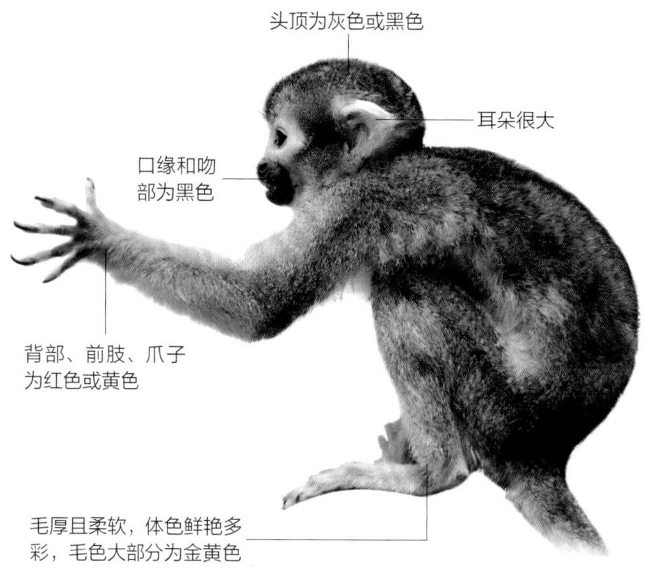
头顶为灰色或黑色
耳朵很大
口缘和吻部为黑色
背部、前肢、爪子为红色或黄色
毛厚且柔软，体色鲜艳多彩，毛色大部分为金黄色

体形纤细
尾巴长
眼睛很大，且眼距很宽
眼圈、耳缘、鼻梁、脸颊、喉部和脖子两侧均为白色

分布区域：分布于南美洲，包括巴西、哥伦比亚、厄瓜多尔、法属圭亚那、苏里南、委内瑞拉。

栖息环境：栖息在原始森林、次生林、耕作地区以及海拔 1500 米处的树林中，通常在靠近溪水的地带活动。

生活习性：松鼠猴为群居动物，通常白天活动，群体一般由 10~30 只组成，但有时也可以组成 100 只甚至更大的大群，每个群体都有自己的领地范围，并用肛腺分泌物划分边界。它们性情温顺，易驯养，现已逐渐宠物化。主要生活在树上，偶尔到地面上寻找昆虫或采集果实。有 26 种叫声，变化多端，如觅食时，会发出“唧唧”声和“啾啾”声，交配时，则会发出“嘎嘎”声和低沉震颤声，生气时，还会发出吼叫声。

饮食特性：以水果、坚果、花、种子以及鸟卵、昆虫、小型脊椎动物为食。

繁殖特点：每年 9—11 月发情交配，孕期为 160~170 天，每胎产一仔。幼猴出生后就可以攀爬，雌性松鼠猴会照顾后代一直到其可以独立，雄性不参与哺育。

孕期：160~170 天 | 社群习性：群居 | 保护级别：无危 | 体形大小：体长 20~40 厘米，尾长约 42 厘米

山地大猩猩

灵长目、人科、大猩猩属

山地大猩猩数量稀少，现已处于濒临灭绝的状态。它们体形高大且健壮，额头往往很高，鼻孔较大，眼睛小，吻部短。山地大猩猩的体毛粗硬，呈灰黑色，毛基呈黑褐色，背部的毛比身体其他部位的毛短。面部和耳朵上没有毛，前肢上的毛比较长。它们看起来吓人，其实性情很温和。

背部的毛比身体其他部位的毛短
上肢比下肢长
毛长，并有丝绸光泽

面部和耳上无毛
额头往往很高
鼻孔大
前肢上的毛特别长
体毛粗硬，呈灰黑色，毛基黑褐色

眼小
吻部短
体形高大且健壮

分布区域：分布于乌干达、刚果（金）和卢旺达三国交界地带。

栖息环境：栖息在海拔2225~4267米的维龙加山脉的艾伯丁裂谷山地森林。

生活习性：山地大猩猩为群居动物，白天活动，夜晚休息，活动时间为6~18时。性格很温和，喜欢在树林里闲逛、嚼枝叶或睡觉。生活在高海拔的地区，那里气候寒冷，因此它们的毛发比同类要长且黑。由于它们是植食性动物，食物的热量低，需要大量进食。因此，它们的大部分活动时间都在吃东西。

饮食特性：主要以树叶、树枝、树干、树皮、树根、花及果实等为食。

繁殖特点：雌性山地大猩猩一般会主动要求交配，受孕时间为1~3日。雌性每6~8年分娩一次，一头雄性会和3~4头雌性交配，以提高生殖率。新生幼仔重约1.8千克，由母亲照顾，会骑在母亲背上。幼仔4~5个月大时开始行走，4~6个月可以自己吃植物。3岁时断奶，但仍会在母亲身边多待一年。

孕期：约8.5个月 | 社群习性：群居 | 保护级别：濒危 | 体形大小：身高1.5~1.8米，体重100~180千克

美洲黑熊

又称北美黑熊
食肉目、熊科、熊属

美洲黑熊体形较大，数量较多。四肢粗短，眼睛较小，耳朵圆圆的，鼻子较长，尾巴较短。可以只用后肢站立和行走，但通常是用四肢行走。后肢比前肢长，前、后肢都有5趾。美洲黑熊的体色因分布地区不同而不同，东北部的颜色偏深，通常为黑色；西北部的颜色则偏浅，有棕色、浅棕色、金色；加拿大不列颠哥伦比亚省甚至有奶白色的，被称为“白灵熊”；阿拉斯加还有蓝灰色的，被称为“冰河熊”。

体形硕大

毛发浓密

耳朵为圆形

眼睛较小

鼻子较长

四肢粗短

前、后肢均有5趾，跖行性，整个足掌地而行

分布区域： 原产于南美洲，后迁入北美洲，从美国西南的亚利桑那州经南美洲北部的哥伦比亚和委内瑞拉，一直到南美洲南部的乌拉圭和阿根廷皆有分布。

栖息环境： 常在落叶林和常绿森林中活动，也出现在河边的森林、热带雨林以及环境相对干燥的灌丛中。由于人类活动的影响，它们也习惯了在次生林和森林的边缘活动。

生活习性： 美洲黑熊为独居动物，活动时间因居住地和季节的不同而不同：春季，它们常在天刚亮或者黄昏的时候外出寻找食物；夏季，它们多数时间会在白天活动；秋季，不论白天或黑夜它们都出来觅食游荡；冬季会冬眠。其领地性很强，领地范围也很广。公熊的领地范围远大于母熊，常会和不同母熊的领地相交，但不会和同性领地交叠。由于脚底扁平、后肢比前肢稍长，因此它们动作缓慢。但如果追捕猎物或者遇到危险，它们会以极快的速度奔跑。擅长爬树，可以此来躲避敌人。虽然好争斗，但也会为了保护自己，尽量避免不利于自己的争斗。通常会在危险出现的时候，做一些动作威慑对方，如张牙舞爪地站起来，朝着对方龇牙咧嘴，做出攻击状。

饮食特性： 杂食性动物，主要以植物性食物为主，有时也吃昆虫、鱼、蛙、鸟卵及小型兽类。

繁殖特点： 繁殖期在6—7月，受精卵会延迟到11月发育，此时，怀孕的母熊在储存足够的脂肪后进入冬眠。经过10周的孕育，幼熊通常在第二年的1月或2月出生，每胎通常产2~3仔，双胞胎比较常见。

孕期：约10周 | 社群习性：独居 | 保护级别：无危 | 体形大小：体长1.2~2.2米，肩高0.7~1米

臭鼬

食肉目、臭鼬科、臭鼬属

臭鼬体形粗壮，最显著的特征是拥有黑白相间的皮毛，具有警示敌人的作用。四肢较短，前足爪长，后足爪短，后爪爪跟和地面接触。臭鼬体色主要为黑灰色，头部为亮黑色，眼睛较小，双眼之间有一条白纹。身体上有两条宽阔的白色背纹，从颈背向后延伸到尾基部。尾巴像刷子，皮毛较浓密，看起来非常可爱。

头部亮黑色，两眼间有一狭长白纹

眼睛小

体形粗壮，中等大小，雄性大于雌性

两条宽阔的白色背纹始于颈背，并向后延伸至尾基部

尾巴长有浓密的皮毛，似刷子，看起来非常可爱

耳短而圆

四肢短，前足爪长，后足爪短，每个足有5个脚趾，后足爪跟与地面接触

分布区域：分布于加拿大、墨西哥和美国。

栖息环境：栖息地多种多样，包括森林、平原和沙漠。

生活习性：臭鼬是社会性动物，以家庭为单位生活，一个家庭成员多达10~12只，通常是5~6只。性情温顺，一般白天休息，夜晚活动、觅食。可利用腺体分泌的奇臭物质防卫，如果敌人靠近，先低头，后竖起尾巴，然后用前爪跺地发出警告。如果敌人没有被吓退，它们就会转身向敌人喷出臭液。它们喷出的这种液体不仅奇臭无比，方圆800米内都可以闻到，而且还会导致被击中者短暂失明。因此，大部分掠食者都会避开臭鼬。

饮食特性：杂食性动物，以小型哺乳动物、昆虫和野果、谷物等为食。

繁殖特点：一雄配多雌，交配季节为2—3月，孕期约为63天。每胎可产2~10仔，一般为5~6仔。母鼬单独哺育幼仔，共同度过同年冬天。

趣味小课堂：如果和臭鼬距离太近，臭鼬会喷出有毒的硫酸硫醇混合物，可让人不停地流泪。臭鼬的臭液是由肛门腺产生的，通过和腺体连接的乳头喷射。

孕期：约63天 | 社群习性：群居 | 保护级别：低危 | 体形大小：体长61~68厘米，尾长22.5~25厘米

熊狸

又称豨獾、熊灵猫
食肉目、灵猫科、熊狸属

熊狸为国家一级保护动物，是一种体形较大的灵猫，与小黑熊相像。熊狸的体毛呈黑色，杂有浅棕黄色，粗糙且蓬松。耳缘为白色，耳端簇毛长 5 厘米。头部和眼周呈暗灰色，唇旁的长须呈白色。熊狸四肢粗壮，足垫大，几乎覆盖整个足底，5 趾长有利爪。尾巴较长且粗壮，可以抓握，也能缠住树枝以支撑自己觅食，尾毛蓬松粗糙。

唇旁的长须呈白色
毛长而稀疏，粗糙而蓬松，体毛呈黑色，杂有浅棕黄色
耳端有长达 5 厘米的黑色簇毛
尾巴长有蓬松粗糙的毛，具有抓握功能
头、眼周、前额和下颏部为暗灰色
粗壮的尾巴与身体差不多长
四肢粗壮，5 趾长有利爪
足垫大，几乎覆盖整个足底

分布区域：分布于东亚、南亚及东南亚。

栖息环境：栖息在热带雨林和季雨林，海拔高度不超过 800 米的地区。

生活习性：熊狸为独居动物，常年生活在树上，为树栖动物。擅长攀爬，喜欢在树上活动。能利用尖锐的爪及粗壮的尾巴在树枝间活动、觅食。除此之外，它们的后肢可以大幅度弯曲，这就使它们可以头朝下从树上爬下来。性情温和，如果开心，还会发出“咯咯”的笑声，但如果受到威胁，也会变得异常凶猛。熊狸标记领地的时候，用尾部的嗅腺在树上蹭擦。在树上爬的时候，会留下嗅痕。其嗅腺分泌的气味类似热爆米花的味道。

饮食特性：主要以果实及鸟卵、小鸟、小型兽类为食。

繁殖特点：熊狸每年 2—3 月发情交配，通常 5 月中下旬产仔。每胎可产 2~4 仔，以 2 仔居多。

趣味小课堂：熊狸行走的时候脚掌着地，和熊相似。它们的眼睛遇强光会变成一道竖缝，和狸猫相似。因此，人们将其命名为“熊狸”。

孕期：2~3 个月 | 社群习性：独居 | 保护级别：易危 | 体形大小：体长 70~80 厘米，体重 8~13 千克

云豹

又称乌云豹、龟纹豹、荷叶豹
食肉目、猫科、云豹属

云豹体形较小，介于豹和家猫之间，仅比石纹猫大。它们的体侧有 6 块暗色斑纹，呈云状，故名“云豹”。这些斑纹的中心为暗黄色，边缘为黑色，形状则如龟纹，故云豹又称“龟纹豹”。云豹的四肢呈黄色，有长形黑斑，内侧颜色呈黄白色。颈背有 4 条黑纹，尾毛和背部颜色相同，基部有纵纹。云豹的爪子又大又长，所以它们在树间跳跃的时候可以牢牢抓住树枝。云豹数量稀少，是国家一级保护动物。

颅骨极其狭长，眼眶间距也因此变得非常狭窄
四肢粗短，可以把重心降低，使动作更加矫健

分布区域： 分布于亚洲的东部、南部及东南部。
栖息环境： 栖息在亚热带和热带山地及丘陵常绿林间。
生活习性： 没有云豹群居的证据，它们很可能是独居动物。通常白天休息，晨昏和夜晚活动。善攀缘，在树上生活，常伏在树枝上狩猎，只有在接近猎物时，才从树上跃下。通过挠抓树木、喷洒尿液和刮蹭等行为来标记领地。其声音是典型的猫科动物的声音。它们有灵敏的触须，用来获取触觉信息，尤其在晚上很有用。进食的时候会先咬住猎物的后颈来咬断脊柱，然后将门齿和大犬齿刺入动物身体，并使劲摇晃，把肉撕扯下来。

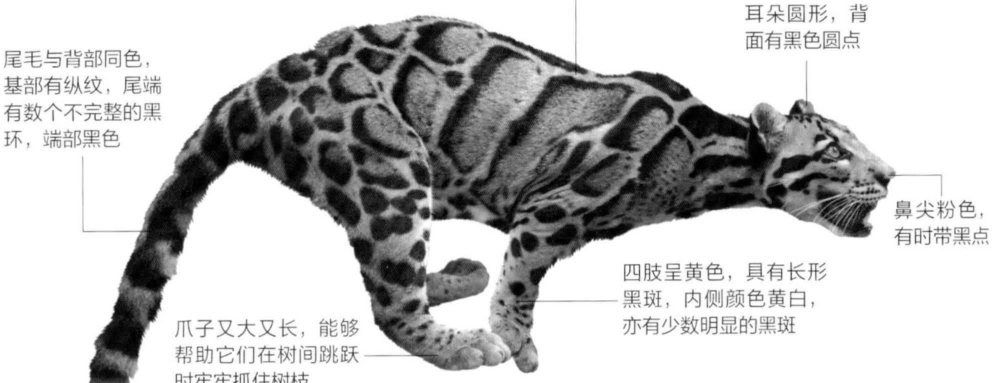
颈背部有 4 条黑纹，中间两条止于肩部，外侧两条较粗，延续到尾基部
耳朵圆形，背面有黑色圆点
尾毛与背部同色，基部有纵纹，尾端有数个不完整的黑环，端部黑色
鼻尖粉色，有时带黑点
四肢呈黄色，具有长形黑斑，内侧颜色黄白，亦有少数明显的黑斑
爪子又大又长，能够帮助它们在树间跳跃时牢牢抓住树枝

饮食特性： 以大眼斑雉、短尾猴、懒猴、银叶猴、豚鹿等为食，有时也捕杀家畜。
繁殖特点： 多在冬春发情，每胎产 2~4 仔，多为 2 仔，幼仔体重 140~170 克。幼仔出生的时候完全没有保护自己的能力，约在出生 12 天后睁开眼睛。哺乳期 2 个月左右。

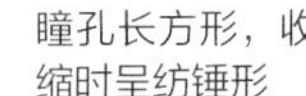
瞳孔长方形，收缩时呈纺锤形

孕期：85~93 天 | 社群习性：可能为独居 | 保护级别：易危 | 体形大小：体长 70~110 厘米，尾长 70~90 厘米

长鼻猴

又称天狗猴
灵长目、猴科、长鼻猴属

长鼻猴红红的长鼻子是它们最明显的特征之一，看上去像茄子，鼻子还会随着年龄增长而变得越来越大，吃东西时还需将它歪到一边。手和足都有 5 指（趾），且具有扁甲，因此能直立行走。初生的小长鼻猴脸呈蓝色，然后慢慢变为暗灰色。成年长鼻猴皮毛呈粉红色和棕色。雄性长鼻猴如果情绪激动，大鼻子还会向上直立或上下晃动。

红艳艳的鼻子远远望过去如同茄子状的小气球

腹部较大

分布区域： 分布于文莱，以及印度尼西亚的加里曼丹岛、马来西亚的砂拉越州和沙巴州。

栖息环境： 栖息在沿海低地森林，包括红树林、泥炭沼泽及淡水沼泽森林。

生活习性： 长鼻猴是群居动物，群体由一只成年雄兽当首领，成员为 1~8 只成年雌兽及其后代组成。每隔一段时间，群体中的成员就会发生变化，部分原因是首领不断驱逐已能够独立生活的年轻雄兽。被逐出的雄兽会自发结成新的群体。若本群的个体受到欺负，成年雄兽会用大鼻子向对方发出吼叫，这时鼻子鼓胀，并高高挺起。长鼻猴的腹部较大，消化系统分很多部分，可帮助其消化食物。

饮食特性： 主要以水果、种子，红树林植物的芽及嫩叶为食，有时也吃一些昆虫。

繁殖特点： 长鼻猴每年繁殖一次，每胎仅产一仔。幼仔全身被毛为黑色，半年以后变为赭黄色。哺乳期为 7 个月。

趣味小课堂： 长鼻猴有一个袋状的胃，与反刍动物的胃近似，胃中有大量可以发酵食物的微生物，所以它们可以消化有大量纤维素的植物叶子，可吃的植物种类也比较多。而且它们胃中的微生物可以分解某些毒素，不小心吃到有毒的食物，毒素也会在进入血液之前被微生物分解。

孕期：约 166 天 | 社群习性：群居 | 保护级别：濒危 | 体形大小：体长 60~70 厘米，体重 7~22 千克

黄喉貂

又称青鼬、蜜狗、黄腰狸、黄腰狐狸
食肉目、鼬科、貂属

黄喉貂为国家二级保护动物。前胸部有明显的黄橙色喉斑，因此得名“黄喉貂”。身体柔软细长，头较尖细，呈三角形。耳朵短且圆，四肢短小粗壮，前后肢各有 5 趾，爪子尖利。皮毛柔软而紧密，头部、颈背部、身体后部、四肢和尾巴都呈暗棕色至黑色，腹部呈灰褐色，尾巴呈黑色。

分布区域： 分布于东亚、东南亚等地区。

栖息环境： 栖息在常绿阔叶林和针阔混交林区。

生活习性： 黄喉貂常单独或数只结群活动，喜欢白天出来活动，尤其晨昏时活动频繁。经常在森林里活动，尤其擅长爬树，动作敏捷。因喜欢吃甜的东西，又被称为“蜜狗”。视觉很敏锐，行动时隐蔽得很好，当在林中游荡的时候，如果听到声音，一定会先停止不动，然后窥听响动，有时还会静伏树间，观察动静，如果是可以捕捉的猎物，则会跳下扑杀。

四肢短小却强健有力，毛色呈暗棕色至黑色

耳部短而圆

饮食特性： 主要以啮齿动物、鸟、鸟卵、昆虫及野果为食，还很爱吃蜂蜜。

繁殖特点： 黄喉貂 6—7 月发情，孕期（包括受精卵延迟着床期）为 9~10 个月。第二年 5 月产仔，每胎产 2~4 仔。由于分布区范围较大，所以繁殖的时间也可能不一致。

头部比较尖细

身体柔软细长，大小如同狐狸

孕期：9~10 个月 | 社群习性：独居或数只结群 | 保护级别：无危 | 体形大小：体长 45~65 厘米，尾长 38~43 厘米

大灵猫

又称香猫、九江狸、九节狸、灵狸、麝香猫
食肉目、灵猫科、灵猫属

大灵猫为国家一级保护动物。体形细长，四肢较短，和家犬差不多大。头略尖，耳朵较小，额部宽阔，吻部稍突，前足的第三、四趾有皮瓣构成的爪。大灵猫的整体毛色呈棕灰色，背中央至尾基有黑褐色斑纹，腹部呈浅灰色。尾巴是身体的一半长，上有黑白相间的色环。

头略微尖，额部宽阔

腹部毛色呈浅灰色

尾巴是身体的一半长，具有黑白相间的色环

分布区域：分布于中国、印度尼西亚、印度、孟加拉国、不丹、尼泊尔等国。

栖息环境：栖息在热带雨林、亚热带常绿阔叶林的林缘灌木丛、草丛中。

生活习性：大灵猫为独居动物，生性孤独，昼伏夜出。生性机警，性格狡猾多疑，拥有灵敏的听觉和嗅觉，擅长攀缘和游泳，为了猎物常会涉入水中。它们采取伏击的方法捕食猎物，遇到猎物时，先慢慢爬过去，然后突然出击。如果遇到危险，它们会释放难闻的气味保护自己。有特殊的定向本领，靠囊状香腺分泌的灵猫香来指引方向，这种分泌物挥发性强，存留时间久。

饮食特性：食性较杂，食物包括小型兽类、鸟类、两栖类、爬行类，以及植物的茎叶等。

整体毛色呈棕灰色，间有黑褐色斑纹
四肢略短
吻部突出

繁殖特点：大灵猫是季节性繁殖的动物，发情期多在每年1—3月，每胎产2~4仔，孕期为70~74天，4—5月为繁殖高峰期。

种群现状：大灵猫的毛厚且密，长期以来被用来制作衣物；其分泌物具独特芳香，常被用来当作香料。因此，大灵猫被人类大肆捕猎，现种群数量已十分稀少。

孕期：70~74天 | 社群习性：独居 | 保护级别：濒危 | 体形大小：体长60~80厘米，尾长40~51厘米

蜂猴

又称懒猴、拟猴、风猴、风狸
灵长目、懒猴科、蜂猴属

耳郭呈半圆且朝前

蜂猴为国家一级保护动物。体形较小，头部较圆，鼻子狭窄，眼睛较大，眼睛向前，眼窝后封闭。它们的手臂和腿长度差不多，躯干长且灵活，可以扭转，还可以伸展到附近的树枝。全身密被短毛，颜色变化明显，头顶到腰背之间有一道棕褐色脊纹。眼眶呈暗褐色，而眼睛和耳朵之间的部位及面颊则呈明显的暗灰白色。

分布区域：分布于东南亚和南亚东北部。
栖息环境：栖息在热带雨林、季雨林和南亚热带季风常绿阔叶林中。
生活习性：蜂猴喜单独活动，为独居动物，生活在树上，很少下地。白天在树上休息，晚上开始觅食和活动。行动缓慢，每走一步就要停顿两步，一整天都很少活动，不会跳跃，只有在受到攻击时，动作才会变快。与其他很多哺乳动物不同的是，它们能利用毒液捕食猎物，会把腋窝处腺体产生的毒液先擦在手上，再涂抹在牙齿上。成年雄性有很强的地域性，主要靠尿液进行领地标记。
饮食特性：杂食性动物，主要以热带植物鲜嫩的花叶和浆果为食，也捕食昆虫。

体毛短而密

头顶到腰背之间有一条明显的棕褐色脊纹

眼眶至前额之间有亮白色条纹

前肢和后肢等长，短而粗

繁殖特点：交配前，雌性悬挂在雄性视线内的树枝上，通过大声叫喊来吸引雄性。然后雄性会抓住雌性以及树枝，开始交配。雌蜂猴孕期平均为188天，通常每胎产一仔，也有双胞胎。哺乳期为3~6个月。

孕期：约188天 | 社群习性：独居 | 保护级别：极危、濒危或易危 | 体形大小：体长21~38厘米

黇鹿

偶蹄目、鹿科、黇鹿属

黇鹿是一种鹿科动物，比山羊稍大，为国家二级保护动物。其皮毛夏天呈棕黄色，有白色斑点，冬天呈灰色，有黑色斑纹。其下腹部为白色，臀部有白、黑两色斑纹。只有公黇鹿长有鹿角，角上部扁平或呈掌状。黇鹿身上有斑点，容易和梅花鹿混淆。

分布区域： 分布于欧洲南部。

栖息环境： 栖息在混杂的林地和开放的草地。

生活习性： 黇鹿为群居动物，以家族为单位觅食，生活的区域会和其他鹿群重叠。性情温顺，特别擅长奔跑。

饮食特性： 以草、树木嫩枝和树叶为食。

繁殖特点： 发情和交配季节为每年 10 月。孕期约为 33 周，每胎产一仔。刚出生的小鹿重约 4.5 千克，小鹿会跟着母亲隐藏在树丛附近。

皮毛夏天呈棕黄色，有白色斑点，冬天呈灰色，有黑色斑纹
角的上部扁平或呈掌状
臀部有黑、白两色的斑纹
下腹部为白色

孕期： 约 33 周 | **社群习性：** 群居 | **保护级别：** 无危 | **体形大小：** 雄性体长 140~160 厘米，雌性体长 130~150 厘米

獐

又称獐子、香獐、马獐、土麝、河麂

偶蹄目、鹿科、獐属

獐是一种小型的鹿，为国家二级保护动物，雌雄都没有角。獐的肩和臀差不多高，四肢壮而有力，蹄粗钝。它们的尾巴较短，几乎被毛遮盖。毛粗而长，体背和体侧颜色相同，都是棕黄色。耳背呈棕色，耳内侧呈灰白色。腹部中间和鼠蹊部呈淡黄色，四肢呈棕黄色。雄獐上犬齿比较发达，突出口外。

分布区域： 原产于中国东部地区和朝鲜半岛。

栖息环境： 栖息在山林、灌丛、草坡中。

生活习性： 獐独居或成对活动，有时也 3~5 只一起活动。生性胆小，两耳直立，善于隐藏，也善游泳。雄性领地性很强，会用尿液和粪便来标记领地。

饮食特性： 主要以杂草、多汁而嫩的植物为食。

繁殖特点： 獐每年繁殖一次，发情、交配多在冬季。雌性通常会离开平时活动的区域，选择开阔地带分娩。每胎产 2~3 仔，多的可达 8 仔。

耳相对较大，顶端稍尖
颏部、喉部、嘴部及腹部皮毛为白色
毛粗长浓密

孕期： 170~210 天 | **社群习性：** 独居或成对 | **保护级别：** 易危 | **体形大小：** 体长 91~103 厘米，尾长 6~7 厘米

黑犀

又称黑犀牛、非洲双角犀、尖吻犀、钩唇犀

奇蹄目、犀科、黑犀属

上唇长并能卷曲伸缩是黑犀的明显特点。黑犀脚短身肥，皮厚毛少，眼睛较小。鼻骨的突起上长两只角，前面的角较长，长42~128 厘米，后角长 20~50 厘米。雌性的角一般比雄性的长，但更细。黑犀的体色为黄棕色至黑棕色，因为它们经常在泥土中打滚，所以看上去是黑色的。皮肤呈褶皱状，十分娇嫩，里面常常有寄生虫。

分布区域：分布于非洲东部、中部和南部的小范围地区。

栖息环境：栖息在丛林地带。

生活习性：黑犀独居或 2~3 只群居，用尿液来标记领地。通常在早晨和傍晚觅食，白天休息，天气炎热的时候会在泥水里滚来滚去。嗅觉灵敏，但视力差，有时会攻击车辆、人和营火。短距离奔跑时速约为 45 千米，最高纪录为 52 千米。

饮食特性：以树叶、落地果实和杂草为食。

繁殖特点：全年都可以交配。每胎产一仔。哺乳期为 18 个月，小犀牛跟随母犀牛生活长达 4 年时间。

皮厚毛少
鼻骨的突起上长有两角，纵向排列，前角较长
吻部较尖，能伸缩卷曲
脚短身肥

孕期：15~16 个月 | 社群习性：独居或群居 | 保护级别：极危 | 体形大小：体长 3~3.75 米，肩高 1.4~1.8 米

倭黑猩猩

灵长目、人科、黑猩猩属

倭黑猩猩和黑猩猩外表相似，只是体形比黑猩猩小很多。身体被毛较短，呈黑色，臀部有一白斑，面部呈灰褐色，手和脚覆以稀疏黑毛，呈灰色。耳朵很大，向两旁突出，眼窝深凹。它们可以直立行走，性情温顺，很少发怒，鸣叫声不同于黑猩猩。

分布区域：分布于非洲中部，刚果河以南地区。

栖息环境：栖息在热带雨林。

生活习性：倭黑猩猩为群居动物，是高度社会化的动物，生活在稳定的地区。几乎所有的时间都花在树上，有午休习性。能使用简单的工具，其社会行为与人类接近，在人类学研究上具有重大意义。

饮食特性：主要吃水果，也吃树叶、根茎、花、种子和树皮。

繁殖特点：倭黑猩猩是高度混交的动物。交配行为和人类相似，采用面对面、爬跨等姿势。全年都可交配，每胎产一仔。哺乳期 1~2 年，5~6 年才生一仔。

面部毛发较少
前肢长可过膝
体形比较细瘦

孕期：8~9 个月 | 社群习性：群居 | 保护级别：濒危 | 体形大小：雄性体长 73~83 厘米，雌性体长 70~76 厘米

白掌长臂猿

又称白手长臂猿、普通长臂猿
灵长目、长臂猿科、长臂猿属

白掌长臂猿为国家一级保护动物。全身体毛长且浓密，较蓬松，多呈黄褐色，不同亚种颜色也会有所不同。白掌长臂猿的脸为棕黑色，手、脚的毛色较淡，从远处看的时候近似白色，所以也叫“白手长臂猿”。从眉边缘到下颌有一圈圆环，由白毛形成，十分醒目。它们的腿较短，手掌比脚掌长，肩宽，臀部窄，喉部有音囊，善于鸣叫。

手掌比脚掌长，手指关节也比较长
从眉边缘到下颌有一圈白毛，远看像一个白色圆环
全身体毛比较长，且浓密蓬松
手、脚的毛色较淡，从远处看的时候近似白色
体形较为纤细

分布区域：分布于中国云南，以及印度尼西亚、老挝、马来西亚、缅甸和泰国等地。

栖息环境：栖息在热带、亚热带的密林中。

生活习性：白掌长臂猿为群居动物，通常 5~8 只组成一个家族，族群中有一只成年雄猿和一只成年雌猿，成年雄猿为首领，其他成员是半成年和幼年长臂猿。成员之间主要通过鸣叫联络，每天清晨，雄猿和雌猿会一起“合唱”。白天在树上腾跃，前后肢齐用，速度非常快。这种运动需经常转换胸臂方向，因此其肩部两侧变平，使臂肘可以全方位旋转，还可以左右前进，双足的作用仅仅是辅助蹬踏。它们生性胆怯，听觉和嗅觉都较为灵敏。

饮食特性：主要以果实、树叶以及昆虫等为食。

繁殖特点：繁殖速度慢，每隔两年才生一胎。主要在冬季和春季交配，雌猿受孕后依然和群体共同活动。一般在秋季和初冬分娩，每胎仅产一仔，哺乳期为 6 个月，幼仔 8 个月大的时候可以完全独立生活，但仍不离开群体。

趣味小课堂：白掌长臂猿分布区域狭窄，有和不同物种杂交现象，如与黑冠长臂猿杂交，在泰国和马来西亚都曾观察到这种现象。所以白掌长臂猿和黑冠长臂猿的分布区域可能大面积重叠。这也表明两者的种间生殖隔离是不完全的。

臀部有胼胝，无尾

孕期：7~8 个月 | 社群习性：群居 | 保护级别：濒危 | 体形大小：雄性体长 43~58 厘米，雌性体长 42~58 厘米

白眉长臂猿

又称长臂猿、呼猴、黑猴
灵长目、长臂猿科、白眉长臂猿属

白眉长臂猿是长臂猿中体形较大的。头部较小，面部短且扁。没有尾巴，前肢长于后肢。白眉长臂猿的体毛蓬松，雄性大多为褐黑色或暗褐色，头顶的毛较长且披向后面，所以头顶扁平，额部有一道明显的白纹，很像白色的眉毛，因此得名“白眉长臂猿”。雌雄不同色，雌性通常为灰白或灰黄色，眉毛浅淡，脸宽阔，有灰白短稀毛。

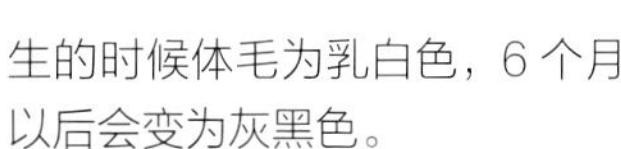
雌雄异色，雄性为褐黑色或暗褐色，雌性一般为灰白或灰黄色
前肢明显长于后肢

头小，面部短而扁
无尾

额部附近有一道明显的白纹
体形较大，体毛蓬松

分布区域： 分布于孟加拉国、中国、印度以及缅甸。

栖息环境： 主要栖息在南亚热带季风常绿阔叶林中。

生活习性： 白眉长臂猿为群居动物，通常 3~5 只为一群，由成年雄性和雌性及其幼仔组成。每天早上它们都会发出啼叫声，叫声洪亮，可传到数里外。几乎常年生活在树上，很少到地上活动，偶尔下地走路，身体呈半直立状，走起路来一摇一摆。行动的时候靠长臂和长手把自己悬挂在树枝上，荡越前进，动作迅速。没有筑巢行为。

饮食特性： 主要以野果、鲜枝嫩叶、花芽等为食，也吃昆虫和小型鸟类。

繁殖特点： 每年 9 月至第二年 2 月发情交配，雌兽平均每 3 年产 1 胎，每胎产一仔。幼仔刚出生的时候体毛为乳白色，6 个月以后会变为灰黑色。

种群现状： 白眉长臂猿为缅甸—中国亚区的特有种，在中国仅分布于云南。中国的野生种群数量在 20 世纪 80 年代末大大下降，仅有 250~400 只。2009 年，国家林业局（现为国家林业和草原局）调查结果显示中国约有 680 只。世界范围，2005 年，孟加拉国有 200~280 只，印度东北部约 2600 只。全球的白眉长臂猿种群处于下降趋势，开展保护工作迫在眉睫。

孵化期：7~7.5 个月 | 社群习性：群居 | 保护级别：濒危 | 体形大小：体长 45~65 厘米，体重 10~14 千克

黑冠长臂猿

又称黑长臂猿、印支长臂猿、冠长臂猿

灵长目、长臂猿科、冠长臂猿属

黑冠长臂猿是国家一级保护动物。为中型猿类，前肢长于后肢，没有尾巴。雌雄之间毛色差异很大，雄性通体黑色，嘴角边有白毛，头上有一簇毛短而直立。雌性则呈黄灰色到淡棕色，头顶部有一黑斑。

分布区域： 分布于中国云南和老挝。

栖息环境： 主要栖息在热带雨林和南亚热带山地季风常绿阔叶林地带。

生活习性： 黑冠长臂猿为群居动物，通常以 3~8 只个体组成的家族群为单位生活。树栖性动物，很少下地活动。生性机警，晨昏时活动。活动领域较为固定，没有季节迁移现象。喜欢栖息在树叶茂盛的树冠上，使用灵活的长臂跳跃和攀爬。长臂攀揽自如，悠荡的时候快速且轻巧。休息的时候很有趣，前肢抱拢两膝，像人蹲在地上那样。以这样的姿势休息，浓密厚毛可以挡住雨水，也更加保暖。

饮食特性： 主要以果实为食，偶尔也吃树叶和小动物。

繁殖特点： 多为一雄配多雌，1 只成年雄性和 2 只成年雌性成为配偶。一年产 1 胎，一胎产 1 仔。分娩期为每年 5—6 月。

雌雄异色，雄性黑色，
雌性黄灰色至淡棕色
体形中等，毛短而厚密

孕期：6~7 个月 | 社群习性：群居 | 保护级别：极危 | 体形大小：体长 45~64 厘米，平均体重 5.7 千克

红吼猴

灵长目、蛛猴科、吼猴属

红吼猴是南美洲的一种吼猴，体色呈深红褐色，随着年纪的增长会褪色。面部周围有毛，鼻子较为粗短。它们的尾巴长 49~75 厘米，上有毛，但底部没有毛，可以抓握东西。它们的颚骨很大，枕骨大孔在很靠后的位置上。

分布区域： 分布于委内瑞拉、哥伦比亚、秘鲁、玻利维亚及巴西的亚马孙盆地西部等地。

栖息环境： 栖息在热带雨林中。

生活习性： 红吼猴为群居动物，以 3~9 只小群生活。雄性领袖负责寻找食物和保卫族群，雌猴负责照顾幼猴。它们白天很活跃，雄猴会在黎明时吼叫，让其他同类知道它们的存在，这样可以避免争斗、减少竞争。它们喜欢用四肢行走，很少跳跃。第二及第三指隔得很开，很适合抓握树枝。它们非常喜欢吃树叶，其齿式十分适合吃树叶，狭窄的门齿可以咬开叶子，臼齿帮助咀嚼。

饮食特性： 红吼猴主要以叶子为食，也会吃坚果及花朵等。

繁殖特点： 性别比严重失衡，一雄配多雌，雄猴之间会激烈竞争。通常每胎产一仔。

面部周围有毛，鼻子粗短
体色呈深红褐色
尾巴有毛

孕期：约 190 天 | 社群习性：群居 | 保护级别：低危 | 体形大小：雄猴体长 49~72 厘米，雌猴体长 46~57 厘米

金狮面狨

又称金狨
灵长目、卷尾猴科、狮面狨属

金狮面狨是狨类中体形最大的。它们小巧玲珑，四肢细长，爪子比较锋利，最引人注目的是其全身披散着的金色丝绒长毛。它们的嘴巴向前突出，耳朵藏在毛下，脸部周围的毛比较长，呈鬃毛状，看上去很像小狮子。金狮面狨的手足比其他狨类动物的长，在第二、第三和第四指之间有皮膜相连。牙齿共有 32 枚。

脸部周围的毛较长，状如狮子的鬃毛

分布区域：分布于巴西东南部的大西洋沿岸。
栖息环境：主要栖息在热带原始森林中。
生活习性：金狮面狨为群居动物，以 2~8 只组成家族群生活，成员通常包括父母和它们的幼仔，成员会聚在一起互相梳理对方金色的长毛。为昼行性动物，非常活泼，体态十分灵巧，行动敏捷，擅长攀爬和跳跃，主要活跃在大树的中层和冠层。晚上在树洞中睡觉，其洞口狭小，一般的食肉动物进不去，这样可以有效躲避敌害。喜欢吸吮树木的汁液，会用利爪挖洞，或者用门齿啃咬，然后再吸吮流出的树木汁液，所以在它们居住的森林里，很多树干或树枝上都有大大小小的洞。

嘴巴向前突出

耳朵藏于毛下

全身披散着金色丝绒长毛

饮食特性：杂食性动物，以昆虫、蜘蛛以及植物的嫩芽和果实等为食，尤其喜欢吃无花果，甚至还会捕食刚刚出生的小鸟。
繁殖特点：繁殖期集中在 9 月到第二年 3 月，这是其栖息地最为湿热的时候。每胎产 1~3 仔。幼仔通常由雄兽照看，3 个月之后幼仔可以独立活动。

孕期：125~134 天 | **社群习性：**群居 | **保护级别：**濒危 | **体形大小：**体长 25~33 厘米，尾长 32~40 厘米

普通狨

灵长目、卷尾猴科、普通狨属

普通狨体形略大于松鼠，头和脸有点像哈巴狗或狮子。普通狨有爪子，腕部有绒毛，大脑较为原始，体温也不稳定。它们的毛色呈灰色，一簇白色长毛长在耳边，前额有块白色印记，脸部没有毛。背后部有细条纹，为灰色、橘黄色或黑色。尾巴为灰色，上有白色环圈。普通狨长得神似《山海经》里的“人面兽”，眼睛炯炯有神，视力较好，可以准确判断物体位置。

脸部无毛
后肢比前肢长

分布区域：分布于巴西北部和中部地区。

栖息环境：主要栖息在次生林和原始森林，以及森林的边缘地带。

生活习性：普通狨为群居动物，通常以4~15只组成家族群，群体比较稳定，有严格的等级观念。雌性地位最高，成年雌性可以留在群体中，雄性成年之后要退出群体。白天活动，主要在树上攀爬和跳跃。如果发现敌人，会立即逃跑。它们会用表情、声音和气味来沟通和表达情感，还会压扁耳羽来表示恐惧。它们有一点和人类很像，就是同伴之间会聊天，因为它们有丰富的社交语言和发声技巧。它们的后肢强有力，因此跳跃能力较强，尖爪的指甲可以让它们攀附在树枝上，长尾巴还可以保持身体的平衡，能够在树木间来去自如。

饮食特性：主要以昆虫、小型脊椎动物、鸟卵以及水果和树木的渗出液为食。

繁殖特点：每两年繁殖一次，每胎可产1~3仔，通常是双胞胎。刚出生的时候，幼仔没有白色耳羽，体重为25~35克。

头和脸有点像哈巴狗或狮子

背后部有细条纹，为灰色、橘黄色或黑色
尾长，末端长有长毛
体形略大于松鼠
体被丝绒状毛，呈斑驳的灰棕色

孕期：143~153天 | 社群习性：群居 | 保护级别：低危 | 体形大小：体长19~25厘米，尾长27~35厘米

粗尾婴猴

灵长目、婴猴科、大婴猴属

粗尾婴猴是婴猴科动物中最大的成员，它们的头部比较圆，有一对大大的耳洞，眼睛相对较小。皮毛为灰色或深褐色，尾巴尖端为白色或黑色。颜色较浅的粗尾婴猴通常生活在干燥、地势较低的地区，颜色较深的则生活在地势较高的潮湿地带。它们是夜行性动物，白天栖息在树洞里，晚上出来活动、觅食。

分布区域：主要分布于非洲的南部和东部地区。

栖息环境：栖息在地势较高的潮湿地带或干燥、地势较低的地区。

饮食特性：以水果、种子、花以及昆虫、蛞蝓、爬行类动物、小鸟等为食。

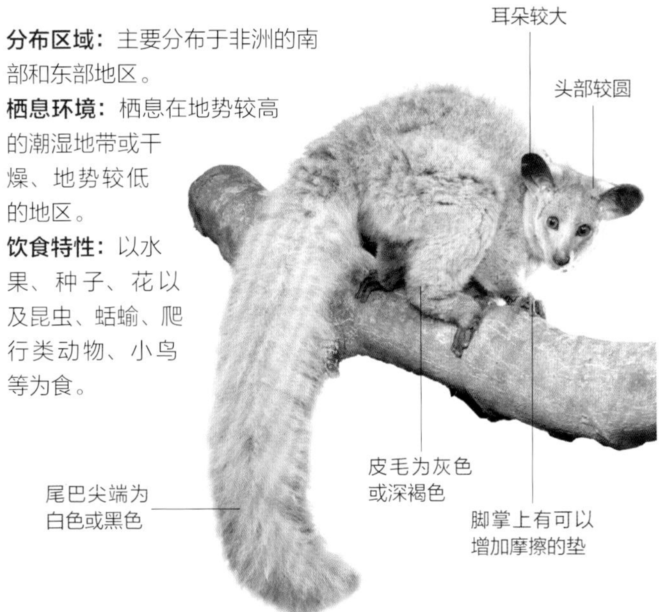

孕期：126~135 天 | 社群习性：群居 | 保护级别：未知 | 体形大小：体长 26~47 厘米，尾长 29~55 厘米

婴猴

又称塞内加尔婴猴

灵长目、婴猴科、婴猴属

婴猴是小型的夜行性灵长目动物，大小和松鼠差不多，眼睛比较大，耳朵像蝙蝠，脸部看起来像猫，大部分婴猴的手指和脚趾都有扁甲。婴猴拥有强壮的后肢，尾巴又肥又长，且向上竖起，可以起到保持身体平衡的作用。婴猴的皮毛厚而柔软，外层为灰色或棕色，内层为浅灰色或浅黄色。

分布区域：分布于非洲的乌干达、肯尼亚和坦桑尼亚。

栖息环境：栖息在热带雨林、稀树草原和灌丛草地中。

生活习性：婴猴为群居动物，集小群活动，树栖性动物，通常夜间活动，白天休息。行动敏捷，善于跳跃，跳跃距离可达 3~5 米，还可以像袋鼠一样在地面跳跃。夜晚，其眼睛反射的光是红光，不是像犬科动物那样的蓝光。

饮食特性：以植物的花、果实、种子，以及昆虫、蜗牛、树蛙等为食。

繁殖特点：婴猴 4 个月就可以生育，每年繁殖 2 次，分别在 2 月和 11 月。每胎产 1~3 仔，孕期为 110~120 天。

孕期：110~120 天 | 社群习性：群居 | 保护级别：无危 | 体形大小：体长不超过 38 厘米，尾长 15~47.5 厘米

指猴

灵长目、指猴科、指猴属

指猴，因指和趾长而得名，体形像一只大老鼠，体毛粗长，呈深褐至黑色。指猴的尾巴比身体长，尾毛比较蓬松，形状像扫帚，呈黑或灰色。头部较大，吻稍钝，耳朵也比较大。它们的牙齿结构像鼠，只有 20 枚。除了大拇指和大脚趾具扁甲外，其他的指、趾都有尖爪。手指比较奇特，中指和无名指非常细，细如铁丝。雌性的乳头位于下腹部的腹股沟，乳头位置很低，比较罕见。

分布区域：分布于马达加斯加岛东部沿海森林。

栖息环境：栖息在热带雨林中。

生活习性：指猴独居或成对生活，经常在树洞或树杈筑球形巢，在夜间活动。取食的时候常用中指敲击树皮，以此判断有无空洞，然后会仔细贴耳听，如果有响动，则将树皮咬一个小洞，之后用中指将虫抠出来。大多数时间它们比较安静，被打扰之后才会发出声音。

饮食特性：喜欢吃昆虫的幼虫、小甲虫及鸟卵，也吃甘蔗、杧果和可可等。

繁殖特点：指猴没有固定的繁殖季节，分娩高峰期在 2—3 月。隔两三年繁殖一次，每次产一仔。哺乳期约 2 个月。

孕期：160~170 天 | 社群习性：独居或成对 | 保护级别：濒危 | 体形大小：体长 36~44 厘米，尾长 50~60 厘米

菲律宾跗猴

灵长目、跗猴科、跗猴属

菲律宾跗猴的耳朵可以转向声源方向，眼睛非常大，按身体比例来说，比人类的眼睛大 150 倍。它们的爪子看起来像人手，比较长。牙齿较锋利，长长的尾巴可以用来平衡身体。体色呈棕褐色。据说菲律宾跗猴是《E.T. 外星人》和其他好莱坞科幻电影中受青睐的外星生物的灵感来源。这种小小的灵长类动物非常可爱，可以被捧在手心里，但是它们可以跳 5 米高。夜间捕食，白天行动比较迟缓。

分布区域：分布于菲律宾。

栖息环境：栖息在亚洲的热带森林中。

饮食特性：主要以昆虫为食。

眼睛非常大

爪似人手，比较长

体色呈棕褐色

尾较长

孕期：约 6 个月 | 社群习性：独居或成对 | 保护级别：近危 | 体形大小：身长 8.5~16 厘米，尾长 13.5~27.5 厘米

黑掌蜘蛛猴

又称赤蛛猴
灵长目、蛛猴科、蛛猴属

黑掌蜘蛛猴体色为红棕色或黑色，手和脚一般呈黑色，面部没有毛，眼睛周围有“8”字形浅色毛发，眼睛非常大。口鼻周围毛发的颜色较浅。

分布区域：分布于北美洲和中美洲的部分地区，如墨西哥、巴拿马、危地马拉等地。

栖息环境：栖息在热带雨林中。

生活习性：黑掌蜘蛛猴为群居动物，常成小群分散活动。

饮食特性：主要以水果为食，也吃树叶、种子、树皮以及蜂蜜和小昆虫。

繁殖特点：黑掌蜘蛛猴全年都可以繁殖，每胎产一仔。成年母猴隔 2~4 年繁殖一次。

孕期：7~8 个月 | 社群习性：群居 | 保护级别：濒危 | 体形大小：雄性体长 39~63 厘米，雌性体长 31~45 厘米

棕头蜘蛛猴

灵长目、蛛猴科、蛛猴属

棕头蜘蛛猴是一种非常独特的猴子，通体是黑色的毛发，但面部多为棕色，因此得名“棕头蜘蛛猴”。和大部分蛛猴一样，它们的尾巴极为修长、灵活，仿佛长了第五只手一样。并且它们没有拇指，手指仅有 4 根。目前棕头蜘蛛猴已经濒临灭绝。

分布区域：分布于中美洲和南美洲。

栖息环境：栖息在热带森林中。

生活习性：棕头蜘蛛猴为群居动物，生活在松散的小群体中，很难看到它们聚集在一起。雄性一般不会离开出生的群落，雌性则不是如此。擅长爬树，长年生活在树冠层，那里气候稳定，所以它们不用长途迁徙。尾巴力量很强，不仅可以摘取果实，休息的时候还可以把自己倒挂在树梢上。

饮食特性：主要以果实和树叶为食，也吃坚果、种子以及昆虫、鸟卵。

繁殖特点：发情期每年平均为 26 天，雄性经过约 3 天的追求可以和雌性交配。棕头蜘蛛猴每胎产一仔，哺乳期为 20 个月，其间母猴不会再交配。

孕期：7~8 个月 | 社群习性：群居 | 保护级别：濒危 | 体形大小：体长 39~58 厘米，尾长 71~85.5 厘米

白脸僧面猴

又称南美白脸猴、白脸狐尾猴
灵长目、僧面猴科、僧面猴属

白脸僧面猴是僧面猴属里体形最小的物种，头上的毛发长而粗，且蓬松，使得它们的头看起来比实际的大而圆。脸略扁，脸盘上布满短绒毛，看上去很像老和尚的脸。尾巴长而浓密，和身体几乎等长，可以保持身体平衡。雌雄毛色有明显区别，雄性体色黢黑，只有面部为白色；雌性通体颜色呈斑驳的棕色，有两条苍白色垂直线从眼睛一直延伸到鼻子。

分布区域：分布于巴西、圭亚那、苏里南及委内瑞拉等地。

栖息环境：栖息在热带高地和低地的雨林中。

生活习性：白脸僧面猴为群居动物，以家庭为单位，多结成 5~9 只的小群生活。它们每天一起行动，大多数在清晨和下午活动。树栖性动物，常年生活在树上，在树冠睡觉，活动于树林的中、下层。运动方式多样化，可以四足步行、跑步、攀爬和跳跃。最大的天敌是猛禽，因其体形较小，很容易被美洲角雕捕食。它们被猛禽攻击时，会发出警报，族群成员听到之后，会静止不动以自保。

饮食特性：主要以种子、果实、嫩叶和花朵为食，也捕食蜘蛛和其他节肢动物。

繁殖特点：每胎产一仔，前一年出生的“兄弟姐妹”甚至会帮助雌猴来照顾新生的幼仔。幼仔出生后 1 个月之内都攀附在母亲的大腿上，4 个月到 1 岁时会转到母亲的背侧，在 5 个月以后，母亲不再携带它们。在幼猴离家之前，母猴会再分娩一次。

趣味小课堂：白脸僧面猴虽然身躯粗大，但是非常灵活，可以在相距 10 米的树枝间跳跃，因此又被称作“飞猴”。

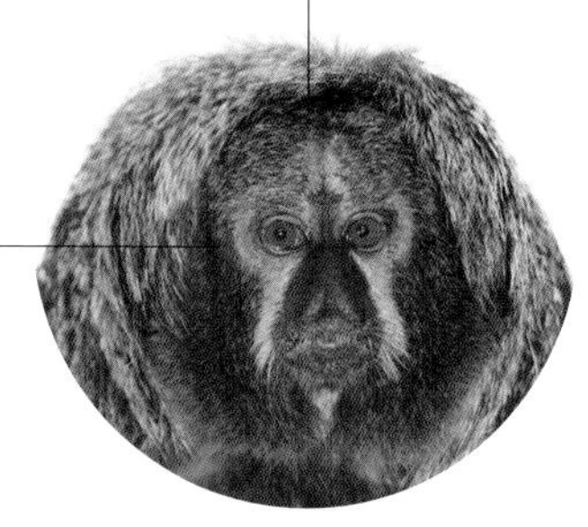

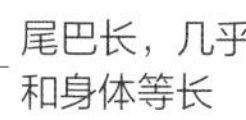

孕期：163~176 天 | 社群习性：群居 | 保护级别：无危 | 体形大小：体长 33~35 厘米，体重 0.7~2.5 千克

鼠狐猴

又称小鼠狐猴
灵长目、鼠狐猴科、鼠狐猴属

鼠狐猴是世界上最小的原始猴。四肢较短，前肢尤其短。产于东北部的个体比西南部的个体小，色泽也更深。毛色通常呈棕灰，带有红黄色，腹毛颜色较为浅淡。鼠狐猴的眼睛比较圆，耳朵比较大，耳长为 22~28 毫米。它们的鼻梁上有一白色条纹。

分布区域： 分布于马达加斯加岛。
栖息环境： 栖息在原始森林和次生林中。
生活习性： 鼠狐猴白天在树洞中结群睡觉，晚上则分头活动。它们独往独来，会在树上跑跳、觅食，发出尖细鸣叫声。通常用梳齿理毛或啃咬树皮，可以用气味和尿迹传递信息。7—9 月是马达加斯加岛的旱季，食物匮乏，所以它们会在雨季结束之前大吃一顿，并将脂肪贮存在尾根。旱季它们会休眠，通过消耗尾巴积蓄的脂肪来提供能量，一般 100 克脂肪完全氧化能够产生 110 克代谢水，以此便可以度过缺水的旱季。
饮食特性： 主要以水果、花朵、花蜜为食，也吃昆虫和小型脊椎动物。
繁殖特点： 每年有 2 个分娩高峰期，分别为 5—6 月及 11 月至次年 1 月。通常每胎产 2 仔，哺乳期约 1.5 个月，幼猴 2 个月之后可以独立生活。

趣味小课堂： 1992 年，人们在马达加斯加岛西部发现了鼠狐猴，为最小的灵长类动物。它们的总长度约 21 厘米，其中一半以上的长度是尾巴，成年鼠狐猴的重量差不多是半个李子的重量。

孕期：约 4 个月 | 社群习性：群居 | 保护级别：无危 | 体形大小：体长约 12.6 厘米，尾长约 13.2 厘米，体重 40~100 克

褐美狐猴

又称褐狐猴
灵长目、狐猴科、美狐猴属

褐美狐猴体形中等。尾长和体长几乎相等，尾毛浓密，呈扫帚状。褐美狐猴的眼睛比较大，吻部延长，形状像狐嘴。外耳壳呈半圆形，后肢比前肢长，指、趾都有扁甲。它们的上体颜色为棕色到黄色或黑色，脸部略黑，口鼻呈深色，由暗灰色至黑色。眼睛上方有浅色斑，耳朵周围和脸颊有苍白灰棕色的皮毛。背侧毛色为棕灰色，腹侧为灰白色，尾巴颜色较深，下体为灰白色。

上体颜色为棕色至黄色或黑色，下体为灰白色

体形中等，尾长几乎等于体长

吻部延长，形似狐嘴

外耳壳呈半圆形

后肢比前肢长，指、趾都有扁甲

分布区域：分布于马达加斯加岛北部。

栖息环境：栖息在热带雨林，多见于潮湿的山地森林和干燥的落叶林。

生活习性：褐美狐猴为群居动物，通常成 3~12 只小群，群体不固定，成员之间会通过身上的尿液味道来相互识别。相邻的群体之间一般会避免接触。树栖性动物，通常都在树上活动。

饮食特性：杂食性动物，主要食物为植物果实和树胶，也吃昆虫、蜈蚣和马陆等。

繁殖特点：繁殖有季节性，交配通常发生在 5—6 月。在雨季来临前的 9—10 月分娩。每胎通常只产一仔，也有产双胞胎的情况。

种群现状：褐美狐猴分布范围有限，由于栖息地的丧失，被认为有适度数量减少的趋势，已被列为生存近危物种。现在，褐美狐猴主要生活在国家公园和自然保护区中，有数百只混合居住在科摩罗以及马约特岛。

孕期：约 120 天 | 社群习性：群居 | 保护级别：近危 | 体形大小：体长 43~50 厘米，尾长 41.5~51 厘米，体重 2~3 千克

大狐猴

又称原狐猴
灵长目、狐猴科、大狐猴属

大狐猴是现存原猴类中体形最大的一种，只产于马达加斯加岛。大狐猴的脸部很短，吻部短且宽。腿比臂长，手狭长，拇指短小，脚和趾很长。身体被毛浓密，看起来毛细且光滑，色泽变化大。大狐猴体色有白色、淡灰色、灰色或褐色，有些在肩部和四肢有橘红色块斑，有些四肢为白色，或者头部、耳和臂为黑色。

分布区域：仅分布于马达加斯加岛。

栖息环境：栖息在热带丛林或干旱地区。

脸部很短，吻部短且宽

体色有白色、淡灰色、灰色或褐色

身体被毛浓密，毛细且光滑

生活习性：大狐猴为群居动物，结小群生活，主要生活在树上，也会下到地面活动。善于在树间跳跃，一跃可以达到10米远，跳跃的时候身体和地面垂直。它们坐着睡觉，双臂抱着树干，头夹在两膝之间，尾下垂。

饮食特性：主要以树叶、花、树皮和果实为食。

繁殖特点：大狐猴为一夫一妻制，雌性2~3年繁殖1次。繁殖期通常在5—6月，每胎产一仔。幼仔2岁后才能独立生活，死亡率很高。

趣味小课堂：现存最大的狐猴个体重10千克，但和同科的史前成员比起来，还是有差距的。历史上古原狐猴亚科的古大狐猴，推测体重为180~200千克，甚至比现代的雄性大猩猩还重。古大狐猴是历史上体形最大的狐猴，也是体形最大的低等灵长类，在灵长类中仅次于巨猿。

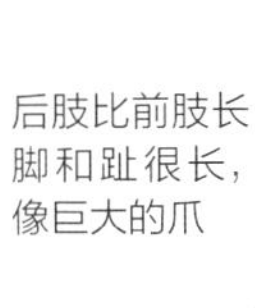

后肢比前肢长，脚和趾很长，像巨大的爪

拇指较短小，可略微与其他指相对

孕期：120~150天 | 社群习性：群居 | 保护级别：濒危 | 体形大小：体长30~71.2厘米，体重1~7千克

山魈

灵长目、猴科、山魈属

山魈是世界上最大的猴科灵长类动物，体形粗壮。头大且长，鼻骨两侧有骨质突起，上有纵向排列的脊状突起，其间有沟，脊间为鲜红色，雄性山魈每侧大约有 6 条主要的沟，红色部分伸延到鼻骨和吻部，这种鲜艳的图案形似鬼怪，山魈因此得名。山魈的毛为褐色，蓬松、茂密。腹部为淡黄褐色，毛长且密，背为红色。臀部富集了大量血管，呈紫色，情绪激动的时候颜色会更加明显。

头大且长

体形较为粗壮

腹部为淡黄褐色，毛长且密

前肢长于后肢

分布区域： 分布于刚果（布）、加蓬、尼日利亚、喀麦隆、赤道几内亚。

栖息环境： 栖息在热带丛林及多岩石地带。

生活习性： 山魈为群居动物，一群约有 600 只。有严格等级制度，一只雄性山魈为头猴，通常颜色最艳丽。大部分成年雄性独居山林。雌性山魈和小山魈基本在树下活动，不喜欢攀爬，一般晚上才爬到树上休息。奔跑能力很强，最高时速达 40 千米。成年山魈性格暴躁好斗，能与中型猛兽搏斗。山魈的智商也很高，是最聪明的灵长类动物之一。

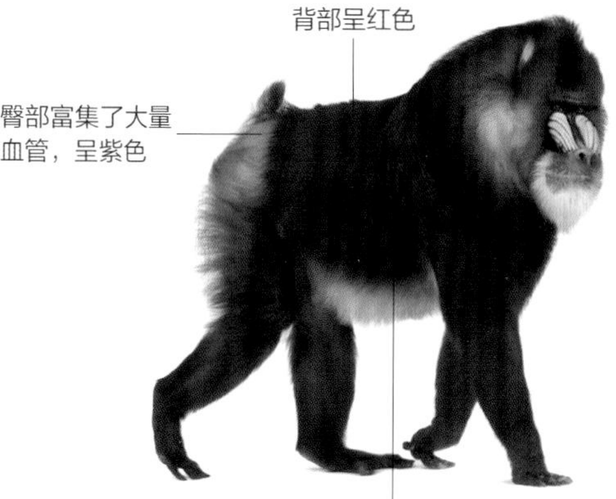

饮食特性： 杂食性动物，通常以植物为食，喜欢吃水果，也会吃无脊椎动物。

繁殖特点： 繁殖期不固定，每两年繁殖一次，每年 1—4 月产仔。每胎产 1~2 仔，幼仔毛发为黑色。

种群现状： 有时山魈会集成大群到耕作区觅食，因此遭到人类捕杀。山魈的栖息地也因人类的活动而遭到破坏，导致山魈的数量急剧下降。在刚果的布拉柴维尔，山魈有在野外灭绝的危险。

孕期：约 190 天 | 社群习性：群居 | 保护级别：易危 | 体形大小：体长 61~76.4 厘米，尾长 5.2~7.6 厘米

鬼狒

又称鬼狒狒、黑面山魈
灵长目、猴科、山魈属

鬼狒与山魈相似，但面部没有后者颜色丰富。鬼狒的鼻骨隆起，吻部突出，两颚粗壮，鼻孔朝前向下紧靠，手足均有5个指（趾）。面部为黑色，雄性下巴有白色胡子。臀部血管密集，因此为红色。身体呈暗灰色，腹部色浅。鬼狒为非洲最为濒危的灵长目动物之一。

分布区域：分布于喀麦隆、尼日利亚、赤道几内亚的比奥科岛。
栖息环境：栖息在非洲西部的低地森林以及沿海、河的森林中，喜欢多岩石的小山。
生活习性：鬼狒为群居动物，每个种群约20只，通常由一只强壮的雄性统领。领头的雄猴十分勇猛，牙齿长而尖锐，对敌人具有很强的震慑力。猴群白天在地面活动，也在树上睡觉或寻找食物。交流主要通过声音、气味和毛发颜色。
饮食特性：杂食性动物，以植物果实及昆虫、蛙、蜥蜴、鼠等为食。
繁殖特点：鬼狒为一夫一妻制，出生高峰期在12月至次年4月。每胎产一仔，幼仔平均重约770克。
种群现状：鬼狒在1986~2006年数量下降了超过30%。2006年，比奥科岛的鬼狒数量已不足5000只。

孕期：168~179天 | **社群习性：**群居 | **保护级别：**濒危 | **体形大小：**雌性体长为60~75厘米，雄性体长为61~76厘米

印度灰叶猴

又称北平原灰叶猴、孟加拉长尾叶猴、哈努曼叶猴
灵长目、猴科、灰叶猴属

印度灰叶猴的颊毛和眉毛发达，头部较圆，吻部较短，四肢较长，尾巴也比较长。印度灰叶猴的体毛主要为褐色和灰色，背部有红色毛，腹面有白色毛。额部有灰白色的毛，呈旋状辐射。它们的脚、手、脸和耳朵都为黑色，脸上有一圈白色的毛。尾巴通常为土灰色或灰棕色。

分布区域：分布于印度和孟加拉国。
栖息环境：主要栖息在沙漠边缘及热带雨林。
生活习性：印度灰叶猴为群居动物，成十多只的小群生活，也会成将近100只的大群。每天会花5小时来相互梳理毛发。觅食活动大多在早晨和黄昏进行，中午则进行较长时间的休息，傍晚回到树上睡觉。它们善跳跃，纵身一跳可达8米以上。叫声低沉，经常发出“呜波”的声音，这既是成员之间联络的信号，也是对其他种群的警告。
饮食特性：以植物的果实、树叶、嫩芽、花朵等为食。
繁殖特点：每胎产一仔，哺乳期为2年。通常在4月生产。刚出生的幼仔为黑褐色，面部为粉色，3个月之后变成黑色。

孕期：168~196天 | **社群习性：**群居 | **保护级别：**无危 | **体形大小：**体长58.5~64厘米，尾长100厘米以上

熊猴

又称蓉猴、阿萨姆猴、山地猕猴、喜马拉雅猴
灵长目、猴科、猕猴属

熊猴是喜马拉雅山区和中南半岛的特有种，为国家二级保护动物。熊猴的面部较长，眉弓较高。吻部突出，腮须和胡子较多，有可以储存食物的颊囊。面部呈肉色，头顶的毛发从中央向四周辐射，呈旋涡状。其头和颈的毛发呈淡黄色，而身体的毛色为棕黄色、深红褐色、棕褐色至黑褐色，腹部为苍白色。熊猴的体毛蓬松且粗糙，幼猴的体毛比成年猴颜色浅一些。

体毛蓬松且粗糙

头顶的毛发从中央向四周辐射，呈旋涡状

吻部突出，腮须和胡子较多，有颊囊

毛色为棕黄色、深红褐色、棕褐色至黑褐色

尾较短，为褐色

分布区域：分布于中国、印度、尼泊尔、不丹、缅甸、泰国、老挝和越南。

栖息环境：栖息在热带和亚热带海拔1000~2000米的高山密林中，喜欢在高大乔木上生活。

生活习性：熊猴为群居动物，通常成10~15只的小群生活，其中包括雄性、雌性和小猴。有严格的等级制度，有占统治地位的猴王。雄性达到性成熟就会被家族驱离。熊猴可以做出多种表情，以表情、声音和姿态动作作为联络的信号。它们喜欢在树上活动，白天喜欢在河谷两旁的坡崖上活动。常游荡在树林中捕捉猎物和摘取果实。

饮食特性：主要以野果及植物的鲜枝嫩叶为食物，也吃一些昆虫和小型脊椎动物。

繁殖特点：雌性发情的时候，大腿、臀部和臂部的皮肤会发红和肿胀。分娩期为每年的3—7月，每年生产一胎，每胎产一仔。幼仔体毛柔软，肩部为棕色，其他地方为淡黄色。

趣味小课堂：熊猴口中具有颊囊，可以把暂时吃不完的食物储存在里面，等饥饿的时候再吃。可能很多人对颊囊会感到陌生，但大家应该都见过松鼠、黄鼠等动物，它们的口中就有颊囊，颊囊储存满食物的时候，它们的脸颊就会鼓起来。

孕期：约168天 | 社群习性：群居 | 保护级别：近危 | 体形大小：体长50~70厘米，尾长约为体长的1/3

食蟹猕猴

又称长尾猕猴、爪哇猴
灵长目、猴科、猕猴属

食蟹猕猴是国家二级保护动物。喜欢在退潮后到海边觅食螃蟹及贝类，所以被称为“食蟹猕猴”。食蟹猕猴头顶冠毛后披，面部为棕灰色，眼眶由骨形成环状，眼睑上侧有白色三角区；吻部突出，两颚粗壮，口中有颊囊；鼻子平坦，鼻孔很窄。四肢基本等长，手、足均有 5 指（趾）。它们的毛色有黄色、灰色、褐色等，腹毛及四肢内侧毛为浅白色。

四肢基本等长，手足均有 5 指（趾）

分布区域： 分布于中国、印度尼西亚、老挝、越南、马来西亚、菲律宾等地。

栖息环境： 栖息在原始森林、次生林、红树林以及一些靠近水域的森林地区，有时在乡村和郊区也可以发现它们。

生活习性： 食蟹猕猴为群居动物，通常数十只或上百只成一群，由猴王带领。猴群在集体行动时，会有“哨兵”放哨，若发现异常，哨兵会立即发出信号，猴群随即迅速转移。它们善于攀藤上树，喜欢在峭壁、岩洞觅食，活动范围很大。会游泳和模仿人的动作，可以表达喜怒哀乐，感到烦躁的时候会扔石子。繁殖和食物缺少的季节，往往会集成大群，所以活动范围也较大。调查研究发现，随着生存环境的恶化，部分食蟹猕猴学会了捕食鱼类，以此来扩大食物来源。

饮食特性： 喜欢吃螃蟹、鸟类及水果等。

繁殖特点： 一雄多雌制，交配季节多在秋天。每胎产一仔，雌兽负责养育幼仔。

孕期： 6~7 个月 | **社群习性：** 群居 | **保护级别：** 低危 | **体形大小：** 体长 40~47 厘米，尾长 50~60 厘米

原麝

又称香獐子
偶蹄目、麝科、麝属

原麝为国家一级保护动物。头骨狭长，较轻薄，鼻骨细长。眼睛较大，耳长而直立，尾巴较短，四肢细长，后肢比前肢长。雌雄都没有角。通常全身呈暗褐色，背部、腹部和臀部有肉桂色的斑点，背部斑点不太明显，腰部和臀部两侧的斑点较为明显、密集。嘴和面颊为棕灰色，额部的毛色较深。耳背和耳尖为棕灰色，耳壳内为白色。颈部有 2 条白纹，从两侧延至腋下。四肢内侧、腋下和臀部为浅棕灰色，四肢外侧为深棕色，尾巴为浅棕色。

耳长而直立，上部近圆形
颈部有 2 条白纹，从两侧延至腋下
四肢细长，后肢比前肢长

头骨狭长，较轻薄，鼻骨细长

全身呈暗褐色，背部、腹部及臀部有纵行排列的肉桂色斑点

分布区域：分布于中国、哈萨克斯坦、朝鲜、韩国、蒙古国、俄罗斯。

栖息环境：栖息在针阔混交林、针叶林以及疏林灌丛地带。

生活习性：原麝常单独活动，也会以家庭为单位活动，晨昏时活动较为频繁。夏季多在陡峭山崖活动，冬季喜欢在背风、向阳的地方活动。为山地动物，善于跳跃，视觉、听觉发达，有较为固定的活动和觅食路线。常常会停立在山顶岩石上向四周观望，有动静会迅速逃跑，遇到危险的时候常隐于石隙中。有发达的尾脂腺，会将腺体分泌物抹在岩石或树干的突出处，以此来标记领地。

饮食特性：夏季多以绿色植物为食，偶尔也吃两栖类等小动物，秋季食各种浆果、蘑菇，冬季则食落叶、果实、枯枝等。

繁殖特点：每年 10 月至次年 1 月发情，此期间雄兽斗争激烈。6—7 月分娩，每胎产 1~2 仔。哺乳期约 2 个月，幼仔刚出生的时候不能站立，母麝定期哺乳和照料幼仔。

孕期：5~6 个月 | 社群习性：独居或群居 | 保护级别：易危 | 体形大小：体长 80~95 厘米，尾长仅有 3~5 厘米

蜜熊

又称卷尾猫熊
食肉目、浣熊科、蜜熊属

蜜熊体形较小。皮毛通常呈金色，它们的头可以旋转 180° ，眼睛较大，耳朵小，腿细长，尾巴非常灵活，可以将身体挂在树上。蜜熊的爪子锋利且灵活，能够牢牢抓紧树干。当蜜熊的前爪正抓着食物时，仍然可以用尾巴和后肢把自己固定在树上。

分布区域：分布于北美洲南部、中美洲及南美洲北部。

栖息环境：栖息在各种森林里。

生活习性：蜜熊为群居动物，夜间活动，白天在树洞和树荫下睡觉。尾巴可以抓住东西、帮助攀树，但它们不会用尾巴来抓食物。以不同的声音沟通，叫声尖锐。触觉及嗅觉很灵敏，但视力差，不能分辨颜色。蜜熊通过腺体分泌的气味进行领土标记及留下信息。

饮食特性：杂食性动物，主要吃果实，有时也吃鸟卵、昆虫和鸟类。

繁殖特点：蜜熊为一妻多夫制或一夫多妻制，雄性用叫声和气味吸引雌性，会和其他雄性争斗。全年都可繁殖，平均每胎产 1~2 仔，哺乳期为 8 周。

种群现状：蜜熊是树栖动物，因为人类居住地的扩张和森林被砍伐等，它们的活动范围日渐缩小，再加上其皮毛和肉对人类有价值，所以蜜熊的生存受到了极大的威胁。

孕期：112~120 天 | **社群习性：**群居 | **保护级别：**无危 | **体形大小：**体长 39~76 厘米，尾长 39~57 厘米

林猬

又称侯氏猬、秦岭刺猬、侯氏短棘猬
食虫目、猬科、林猬属

林猬耳朵较短，头部宽，吻部尖，爪较发达。林猬的背棘为暗黑褐色，棘刺和普通刺猬相比较细短，由两种颜色的棘刺组成，但几乎没有纯白色的棘刺。体背为暗黑褐色，头部、前胸部、腹部、体侧和前后肢的毛色通常为红褐色或棕灰色。耳朵上覆有短毛，为淡白或灰白色。

分布区域：中国特有物种，分布于陕西、四川、重庆、河南、湖北、甘肃及山西等地。

栖息环境：栖息在山地森林中。

生活习性：林猬为独居动物，属夜行性动物，活动时间在晚上 8 时到次日清晨 6~7 时。通常白天休息。与同类相遇时会发出“噗噗”的警告声，并会低头将刺指向对方，然后后肢用力蹬，猛然跃起向对方刺去，反复多次，直到击退对方。有冬眠习性，在秦岭及陇山地区，10 月中旬左右陆续冬眠。冬眠的时候体温会下降，和气温相差 1~2℃。

饮食特性：主要以蚯蚓为食，食物还有甲虫、蚂蚁、蝉以及昆虫的幼虫等。

繁殖特点：每年繁殖一次，春季交配。7 月底到 8 月初开始产仔。

孕期：未知 | **社群习性：**独居 | **保护级别：**无危 | **体形大小：**体长平均 178 毫米，耳长平均 23.2 毫米

苏门答腊虎

食肉目、猫科、豹属

苏门答腊虎是同物种中体形最小的，脸部周围有较长的颊毛，胡须也长，全身为鹅黄色，黑色条纹显著，条纹之间间隔很小，常一对对排列，前腿也有条纹。苏门答腊虎的条纹比其他老虎亚种的狭窄，胡须和鬃毛也更为浓密。苏门答腊虎也是目前印度尼西亚境内仅存的虎亚种。

分布区域：仅分布于印度尼西亚的苏门答腊岛。

栖息环境：主要栖息在苏门答腊岛范围内的热带雨林中。

生活习性：和生活在平原地带的猎豹和狮子不同，它们必须靠潜伏袭击猎物。

饮食特性：主要以水鹿、野猪、豪猪、鳄鱼、幼犀和幼象等为食。

繁殖特点：一年四季均可交配，一般集中在冬末春初。雌虎每胎产 2~4 只幼仔。幼仔刚出生的时候重 1~1.4 千克，幼仔无法睁开眼睛，体质也弱，需雌虎保护。哺乳期 5~6 个月。

趣味小课堂：苏门答腊虎是虎的亚种之一，祖先是更新世早中期的大陆虎类。1.2 万年前，海平面上升，苏门答腊地区和亚洲大陆隔绝，很多野生虎被分离形成新亚种——苏门答腊亚种，它是由英国伦敦的著名兽类学家波科克在 1929 年确立并定名的。

孕期：约 103 天 | **社群习性：**独居 | **保护级别：**极危 | **体形大小：**雄性体长约 234 厘米，雌性体长约 198 厘米

树鼩

又称中缅树鼩、北树鼩
树鼩目、树鼩科、树鼩属

树鼩吻部尖长，耳朵较短，头骨的眶后突比较发达，形成一个骨质眼球。前后足都有 5 趾，每趾有发达且尖锐的爪。树鼩的体背毛主要为橄榄褐色，颈侧有淡黄色的条纹，腹部为灰色至污白色，背腹之间毛色界线分明，它们的尾毛和体色相同。

分布区域：主要分布于克拉地峡以北的东南亚地区。

栖息环境：栖息在热带、亚热带地区的落叶和常绿森林及次生林地带。

生活习性：树鼩独居或成对生活，在黎明和黄昏的时候最为活跃，中午活动较少。善于攀登，行动敏捷，生性胆小，很容易受到惊吓，能用 8 种不同的声音发出警报和防御的信号。领地意识较强，使用气味标记来指示领地范围。

饮食特性：以虫类为主食，也吃幼鸟、鸟卵、果实、树叶等。

繁殖特点：一夫一妻制，全年均可交配繁殖，没有特定的时间，也没有季节性高峰期。雌性树鼩发情期为 8~12 天，每次产 1~5 仔。刚出生的幼仔体重约 10 克，全身无毛，只会蠕动。哺乳期为 5~6 周。

背毛主要为橄榄褐色
耳较短
吻部尖长
前、后足均具有 5 趾

孕期：41~45 天 | **社群习性：**独居或成对 | **保护级别：**无危 | **体形大小：**体长 12~21 厘米，尾长 14~20 厘米

马岛獴

又称隐肛狸、隐灵猫
食肉目、灵猫科、隐肛狸属

马岛獴是灵猫科体形最大的成员之一，是狐猴的天敌。马岛獴的外形像美洲狮，嘴部像狗，有触须。它们的耳朵为圆形，身体矮壮结实，四肢不长，但比较强壮。爪子可以弯曲伸缩，跑步速度很快。尾巴很长，长达70~90厘米。马岛獴的体毛较短。全身为棕红色，皮毛富有光泽。

分布区域：仅分布于马达加斯加岛。

栖息环境：栖息在马达加斯加岛的森林地区。

生活习性：马岛獴为独居动物，主要在夜间和黄昏时活动。有较强的领地意识，两性都会用气味腺分泌物来标记领土。爬树技术高超，行踪比较神秘。在繁殖季节彼此之间通过特殊的气味相互联系。

饮食特性：主要吃狐猴，还吃鸟类、爬行类、两栖类和昆虫等。

繁殖特点：通常在9—11月交配。马岛獴的交配比较特别，发情的雌性会占领一棵树，树下会聚集几只雄性，雌性会在一个星期内和不同的雄性交配。每胎产2~4仔。刚出生的幼仔体重只有100克，15天之后它们才睁开眼睛。

种群现状：马岛獴在1996年为“易危级”，如今已升为“濒危级”。其数量减少的主要原因是栖息地被破坏。

孕期：约90天 | 社群习性：独居 | 保护级别：濒危 | 体形大小：体长61~80厘米，肩高37厘米

亚洲金猫

又称原猫、红椿豹、芝麻豹、狸豹
食肉目、猫科、金猫属

亚洲金猫为国家一级保护动物。头骨较大，骨质略显轻薄。它们的头顶部平宽，脑室大而圆。鼻骨较宽，额骨略凹陷。眼角前内侧有白纹，其后有棕黄色宽纹向后伸展到枕部。它们的眼下有一白纹，向后延伸到耳基下部，耳背为黑色。亚洲金猫的毛色差异较大，有些体毛为黄色，背毛为黑棕色，有美丽且形状不规则的花纹；有些则全身为花白褐色。

分布区域：主要分布于东南亚地区，中国也有分布。

栖息环境：栖息在热带和亚热带的湿润常绿阔叶林、混合常绿山地林以及干燥落叶林中。

生活习性：亚洲金猫通常为独居，晨昏时活动较多，白天栖于树上洞穴里。性情凶野、勇猛，所以也有“黄虎”之称。活动的区域较为固定，会随季节变化进行垂直迁移。听力很好，可以收听到微小声音。

饮食特性：主要以啮齿类为食，也吃鸟类、幼兔和家禽，以及麂和麝等小型鹿类。

繁殖特点：亚洲金猫全年都可以繁殖，每窝产1~3仔，幼仔刚出生的时候平均体重为250克。哺乳期为6个月，幼仔出生6~12个月后可独立生活。

孕期：约81天 | 社群习性：独居 | 保护级别：近危 | 体形大小：体长78~100厘米，尾长48厘米，体重10~15千克

赤狐

又称红狐、草狐、南狐、火狐、银狐、十字狐
食肉目、犬科、狐属

赤狐是国家二级保护动物，是体形最大、最常见的狐狸。体形较为纤长，吻部尖而长，鼻骨比较细长，额骨前部平缓。赤狐的耳朵较大，高而尖。四肢较短，尾巴较长，尾形粗大，覆毛长而蓬松。赤狐背部通常为棕灰色或棕红色，腹部为白色或黄白色，尾尖为白色，四肢外侧的黑色条纹一直延伸到足面。赤狐的毛色因季节和地区不同而有所不同，南方的赤狐毛薄而短，北方的则毛长而丰密。

额骨前部平缓

具有肛门腺，能释放臭味气体

耳较大，直立，高而尖

体形长而纤细

尾形粗大，覆毛长而蓬松，尾梢为白色

吻部尖而长，鼻骨比较细长

四肢较短

分布区域： 分布于欧洲、北美洲、亚洲和北非地区。

栖息环境： 栖息环境多样，如在森林、草原、荒漠、高山等地都可以生存。

生活习性： 赤狐通常为独居动物，性情狡猾，通常夜晚活动，白天在洞中睡觉。听觉、嗅觉发达，记忆力很强。腿脚虽然较短，但爪子却很锐利，奔跑速度很快，追击猎物的时速可达 50 千米，还善于游泳和爬树。生性多疑，行动之前会先对周围环境进行仔细观察，“狐疑”一词便来源于此。遇到敌害的时候，赤狐会使用肛门腺分泌出能令其他动物窒息的“狐臭”味，使追击者不得不停下来。在危急的情况下，赤狐还有“装死”的本领，可以暂时保持微弱的呼吸，似乎已经奄奄一息，然后趁敌不备迅速逃走。

饮食特性： 主要以旱獭及鼠类为食，也会吃鸟类、蛙、昆虫等，还吃野果和农作物。

繁殖特点： 赤狐在每年 12 月至次年 2 月发情交配，北方地区的要推迟 1~2 个月，此时雄兽之间会发生激烈的争斗。通常在 3—4 月产仔，每胎多为 5~6 仔。幼仔刚出生的时候，雄兽会一直待在雌兽的身边。哺乳期为 45 天。

孕期：2~3 个月 | 社群习性：独居 | 保护级别：无危 | 体形大小：体长 62~72 厘米，尾长 20~40 厘米

印度豺

又称尼尔吉里豺
食肉目、犬科、豺属

印度豺是豺的亚种之一，体形大小像犬，小于狼。印度豺的头较宽，吻部较短，耳朵短而圆。其额骨中部隆起，从侧面看上去面部显得鼓起来。它们的四肢也较短，尾巴较粗。印度豺的体毛厚密而粗糙，体色会随季节和产地的不同而不同，头部、颈部、背部和四肢外侧的毛色通常为棕褐色，腹部和四肢内侧为淡白色、黄色或浅棕色，尾巴为黑褐色，尾尖为黑色或棕色。

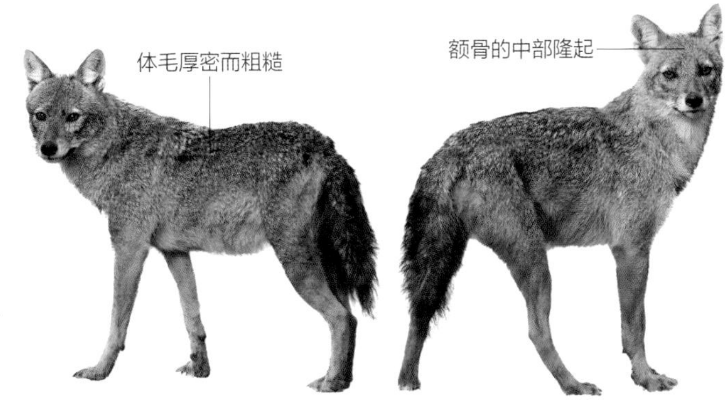

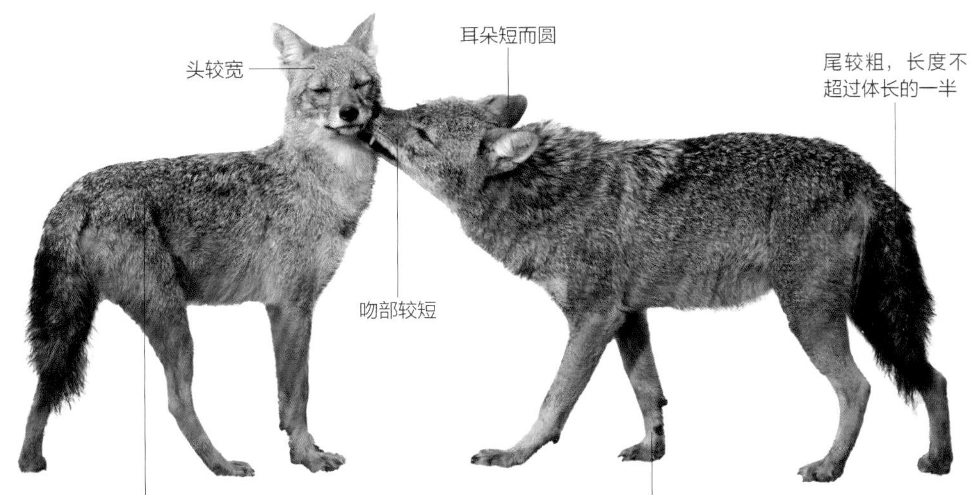

分布区域： 分布于印度南部。

栖息环境： 栖息环境比较复杂，包括热带森林、丛林、丘陵、山地等。

生活习性： 印度豺为群居动物，群体少则 2~3 只，多则 10~30 只，由较为强壮的头领带领。有严格的等级制度，亦有较强的领地意识。群体成员之间发生矛盾时会互相撕咬。听觉和嗅觉十分发达，反应比较快，稍有异常就会立即逃跑。既耐寒，也耐热。凶猛胆大，毫不畏惧和其体形大小差不多的动物。平时性情沉默而警觉，但在捕猎的时候会发出嚎叫声。居住在岩石缝隙或隐匿在灌木丛中，也会生活在天然洞穴或者其他动物遗弃的洞穴中，但不会自己挖洞。

饮食特性： 主要以偶蹄目动物为食，偶尔也吃甘蔗、玉米等植物性食物。

繁殖特点： 交配季节一般在 9 月到次年 2 月，生产多在冬季。每胎产 4~6 仔，幼仔刚出生的时候被深褐色的绒毛。

孕期：66~69 天 | 社群习性：群居 | 保护级别：濒危 | 体形大小：体长约 90 厘米，尾长 45~50 厘米

灰狐

食肉目、犬科、灰狐属

灰狐为美洲的特有动物，属于小型犬科动物，毛茸茸的尾巴是它们的显著特征。灰狐眼睛至颈部遍布黑色条纹，吻鼻部较短，四肢短小，爪呈弧形，足部趾垫大，体形娇小。灰狐身体上部呈浅灰色，下部主要呈黄褐色，胸部呈红褐色，喉和腹部白色，背上有明显黑脊纹，尾毛丰厚，背面具黑纹，尖端黑色，皮毛的颜色便于隐藏并躲避天敌。

从眼睛至颈部有黑色条纹

身体上半部分为浅灰色，下半部分为黄褐色

体毛粗糙

分布区域：分布区域从北美洲南部到中美洲以及南美洲北部，包括伯利兹、加拿大、哥伦比亚、哥斯达黎加、洪都拉斯、墨西哥、巴拿马、美国、委内瑞拉等地。

栖息环境：栖息在森林、沼泽地带，喜欢林地和灌丛地区。

生活习性：灰狐为独居动物，善于爬树，爬树的能力与亚洲的犬科动物相当。生活在树洞里，它们的洞穴一般在高出地面数米的空心树上，大多在太阳落山后出洞活动。具有很好的平衡能力和攀爬能力，能够抓住树干和树枝，有助于躲避天敌和捕获猎物。通常在夜间或者黄昏时捕食，听觉和嗅觉较为灵敏。它们的短距离奔跑能力很强，时速可达 45 千米。

饮食特性：杂食性动物，以鼠类、兔类、鸟类、昆虫、鱼类及水果等为食。

繁殖特点：灰狐是一夫一妻制。灰狐的孕期约 53 天，每胎产 1~7 仔。幼仔出生 10 天后睁开眼睛，12 周后断奶，3 个月后幼仔长出和父母一样的皮毛，4 个月大时开始自己捕食，和父母一起生活到秋季。灰狐通常都是在冬季独立生活，出生 1 年后小灰狐可达到性成熟，会离开家人“自谋出路”。

孕期：约 53 天 | 社群习性：独居 | 保护级别：无危 | 体形大小：体长 80~110 厘米，尾长 27.5~44.3 厘米

狍子 偶蹄目、鹿科、狍属

狍子是一种中小型鹿科动物。颈部细长，眼睛和耳朵较大，无獠牙。雄狍有角，雌狍无角，狍角短，最多只分 3 个叉，无眉叉，狍角冬天会脱落。狍子的后肢略长于前肢，尾巴极短，臀部皮毛有白色斑块。

分布区域：分布于亚洲北部和欧洲大部分地区。

栖息环境：多在海拔不超 2400 米的河谷和缓坡上活动。

生活习性：狍子为群居动物，通常成 3~5 只的小群生活，性情和顺，是中国东北地区最常见的野生动物。它们具有极强的好奇心，任何事物都能吸引它们的注意，甚至追击者的喊叫声，都能使它们停下来观望，因此，东北人叫它们“傻狍子”。它们胆子很小，白天多栖息于密林，只有早、晚时分才会出来活动、觅食。

饮食特性：植食性动物，采食各种草、树叶、嫩枝、果实、谷物等。

繁殖特点：一雌配一雄，7—8 月交配。孕期为 8 个月，生产之前，雌狍会赶走之前的孩子，到密林中生产，每胎产 1~2 仔，分别哺乳。狍子的受精卵可以延迟着床 4~5 个月，如果天气太冷，雌狍会延后生产，以确保小狍子在 6 月出生，那时山区开始暖和起来，食物充足。

趣味小课堂：狍子其实不傻，而且环境适应能力很强，受惊以后狍子尾巴的白毛会炸开，变成白屁股，这是狍子御敌的策略。据推测，白屁股有警示和迷惑作用，可以迷惑敌人，还有视觉引导的作用，因为在视野不好的森林里，这样的视觉信号非常明显。

孕期：8 个月 | 社群习性：群居 | 保护级别：无危 | 体形大小：体长 100~120 厘米，尾长 2~3 厘米

马来貘

又称亚洲貘、印度貘
奇蹄目、貘科、貘属

马来貘是体形最大的貘科动物，又叫五不像。它们的长相憨厚奇特，呆头呆脑，身体似猪般肥壮，耳似马，鼻似象，足似虎，躯似熊，后肢则与犀牛相像。皮肤很厚，头比猪大，脖子粗壮，鼻吻部延长、突出呈圆筒形，柔软而下垂。雌性比雄性大一点，全身毛色黑白相间，身体矫健、动作敏捷，善跑动，可在崎岖的山路上奔走。

分布区域：分布于印度尼西亚、马来西亚、缅甸、泰国。

栖息环境：栖息在海拔2400~4500米的森林、沙林、沼泽地带。

生活习性：马来貘性情孤僻，为独居动物，偶尔也三两结伴而行，多在夜间出来活动，白天则躲在阴暗的地方休息。它们生性喜水，常常待在水中或泥中，这样既可以躲避敌人，又可以使身体保持凉爽，游泳时将长鼻子伸出水面呼吸。在陆地上善于奔跑、爬山、滑坡等。视觉较差，但听觉和嗅觉十分灵敏。

饮食特性：以水生植物为主要食物，也食多汁植物的嫩枝、树叶、野果等。

繁殖特点：一夫一妻制，通常在5—6月交配，用气味和毛色吸引异性。孕期为13~13.5个月，每年生一胎，每胎生一仔，也有产2仔的。哺乳期为6~8个月。

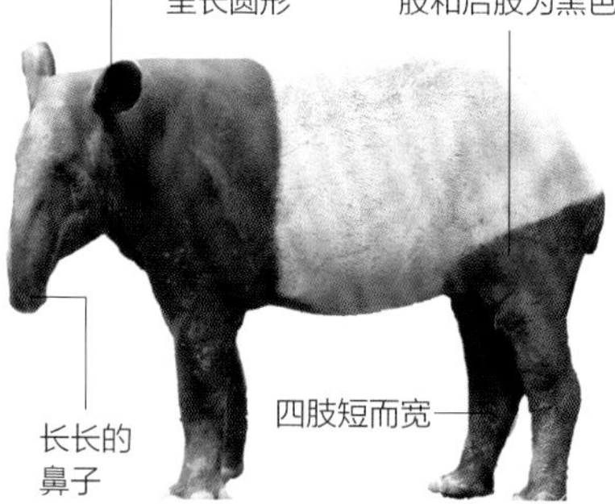

孕期：13~13.5个月 | **社群习性：**独居或结小群 | **保护级别：**濒危 | **体形大小：**体长为180~250厘米

穿山甲

又称鲮鲤、陵鲤、龙鲤
鳞甲目、穿山甲科、穿山甲属

穿山甲是国家一级保护动物，具有一双小眼睛，吻细长，舌长，无齿，耳不发达，脑颅呈圆锥形，形体狭长，全身有鳞甲，四肢粗短，背面隆起，尾扁平而长，体重和身长差异极大。鳞甲如瓦状，鳞片呈棕色，腹部的鳞片略软，呈灰白色。两颊、眼、耳以及颈腹部、四肢外侧、尾基有稀疏的硬毛，呈白色和棕黄色。

分布区域：分布于中国部分地区，以及东南亚和非洲部分地区。

栖息环境：喜欢栖息在山麓地带的草丛或较潮湿的丘陵灌丛。

生活习性：穿山甲独居生活，是夜行性动物，一般白天藏匿在洞中，并用泥土堵住洞口，夜晚外出觅食。它们可以攀爬树木，而且还有很好的游泳能力。其鳞甲是对付敌人的武器，主要由鳞片组成，极其坚硬，如果遇到敌人，还会蜷成球状，使猛兽更难以下嘴。它们还可以利用肌肉使鳞片成为锋利的切割工具，能割破试图啃咬自己的食肉动物的嘴巴。

饮食特性：主食白蚁，也食蚂蚁及其幼虫、蜜蜂、胡蜂等。

繁殖特点：穿山甲4—5月交配，孕期约6个月，每胎产一仔。

孕期：约6个月 | **社群习性：**独居 | **保护级别：**极危 | **体形大小：**身长50~100厘米，尾长10~30厘米

第四章

高原和极地哺乳动物

高原和极地哺乳动物的主要特点：
第一，极地哺乳动物的毛皮具有防水、
保温功能，皮下脂肪可以隔热。
第二，许多极地动物的毛发
随季节的变化而变化，有利于伪装。
第三，高原哺乳动物一般
具有强壮的四肢，能在岩石或冰冻的斜坡上行走，
具有极强的爬坡能力。

雪豹

又称草豹、艾叶豹、荷叶豹
食肉目、犬科、豺属

雪豹为国家一级保护动物。体形较大，颅形稍宽，脑室较大。雪豹的鼻骨短且宽，前端尤为宽大。全身为灰白色，密布黑斑。头部的黑斑较小且浓密，背部、体侧和四肢外缘有不规则黑环，越往后体侧黑环越大。从肩部到背部，有黑斑形成的三条竖线一直延伸到尾根。后部黑环宽且大，尾端最明显，尾巴粗大，尾尖为黑色。

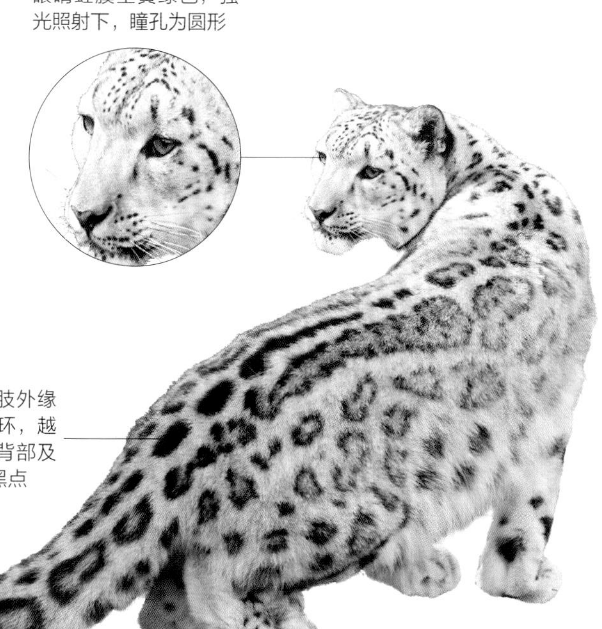

眼睛虹膜呈黄绿色，强光照射下，瞳孔为圆形

背部、体侧及四肢外缘形成不规则的黑环，越往后黑环越大，背部及体侧黑环中有小黑点

头部黑斑小而密

前足 5 趾，后足 4 趾，前足比后足宽大，趾端有角质化的硬爪，略弯，尖端锋利

分布区域：分布于中国、哈萨克斯坦、蒙古国、阿富汗、印度、巴基斯坦和尼泊尔。中国的天山等高海拔山地是雪豹的主要分布区域。

栖息环境：活动在永久冰雪高山裸岩及寒漠带环境中，常栖于海拔 2500~5000 米的高山上。

生活习性：雪豹为独居动物，发情期成对活动，由于它们习惯在高山雪线附近活动，故而得名“雪豹”，又由于其动作敏捷、反应灵敏，善于在雪山峭壁间跳跃奔走，因此又被誉为“雪山之王”。它们通常昼伏夜出，尤其是在晨昏时活动频繁，擅长伏击或偷袭。上下山有一定的路线，喜欢走山脊和溪谷。

饮食特性：以岩羊、北山羊、盘羊等高原动物为食。

繁殖特点：雪豹的发情期一般在每年的 1—3 月，此时两只雄兽相遇会有一番恶斗。孕期为 98~103 天，通常在 4 月中旬或 6 月初产仔，每胎产 3~5 仔。刚出生的幼仔体重 300~700 克，体质很弱，叫声像小猪，7~9 天之后才睁眼，10 天后开始爬行。

孕期：98~103 天 | 社群习性：独居 | 保护级别：极危 | 体形大小：体长 100~130 厘米，尾长 80~100 厘米

羊驼

又称驼羊、美洲驼
偶蹄目、骆驼科、小羊驼属

羊驼生活在南美洲的安第斯山区，外表与绵羊相似。体形中等，身材修长，毛纤维长而卷曲，可以形成很大的卷，并且具有光泽。羊驼长得像骆驼，但没有驼峰。它们的头较小，鼻梁隆起，耳朵大而尖，且竖立，眼睛很大，看起来非常清秀，颈部细长。羊驼的四肢很细，脚前端有弯曲而尖锐的蹄。据统计，羊驼的颜色多达 22 种。

分布区域：主要分布于秘鲁、玻利维亚和厄瓜多尔等地。
栖息环境：栖息在海拔 4000 米左右的高原。
生活习性：羊驼为群居动物，每群十几只或数十只。干旱的高原地区自然环境恶劣，使得羊驼不仅耐粗饲，而且适应能力极强。它们可以预知天气变化，遇到暴风雨来临，“警卫员”会带群体向安全地方转移。敏感而温顺，胆子很小，警惕性极高，如它们一定要等喂食者离开后才进食，就算是主人来喂也不例外。它们有时也会发脾气。羊驼聪明伶俐，听觉敏锐，可及早发现危险，然后决定逃跑方向。在南美洲，羊驼是重要的交通运输工具。

饮食特性：以高山棘刺植物为食。
繁殖特点：健康、有繁殖能力的母羊驼，通常每年生产一头小羊驼，可繁殖15~16年。人工饲养条件下，交配通常安排在每年的春夏季节，以此避免冬季分娩。孕期为 342~345 天，第一个月的流产率相对较高，所以羊驼繁殖率较低。

孕期：342~345 天 | **社群习性：**群居 | **保护级别：**无危 | **体形大小：**身高 120~140 厘米，尾长 15~25 厘米

牦牛

又称西藏牛、马尾牛、旄牛、犏牛、摩牛、毛牛
偶蹄目、牛科、牛属

牦牛为国家一级保护动物，主要生活在中国的青藏高原，是高海拔地区的典型动物之一。牦牛身体强健，肩部明显隆起。雌雄均有角，为黑色，雄性的角较大。四肢短而强健，躯体的上方被毛短而光滑，体侧、腹部和尾部的毛长而下垂。全身的毛色主要为深黑褐色。

眼大而圆

前肢短而端正，后肢呈刀状

分布区域：分布于中国四川、青海、西藏、新疆等地。
栖息环境：主要栖息在海拔 4000~5000 米的高原草甸、灌丛、荒漠等地。

雌雄均有角，角黑色且粗壮，雄性角大，角形向外折向上、开张，角间距大
耳较小
身体强健，皮松且厚，躯体上方的被毛短而光滑，全身毛色以深黑褐色为主
四肢短而强健，蹄小而圆，蹄叉紧，蹄质坚实
体侧、腹部及尾部的毛长而下垂，常接近地面
嘴方大，唇薄

生活习性：牦牛为群居动物，具有极强的适应力和忍耐力，耐寒、耐粗饲、耐劳，并且还能认路，可在险坡陡路上行走，也能渡过江河激流，因此被誉为“高原之舟”。它们性情温顺，反应很快，条件反射比较巩固，易驯化。
饮食特性：主要以针茅、苔草、莎草、蒿草等高寒植物为食。
繁殖特点：牦牛交配季节为 9 月，孕期约 260 天，每胎产一仔，小牛一岁的时候断奶。
趣味小课堂：牦牛是藏族先民最早驯化的牲畜之一，它们伴随着这个具有悠久历史和灿烂文化的民族生存至今已有几千年的历史。牦牛不仅是高原上重要的交通工具，还是重要的耕作牲畜。因此，牦牛也是藏族人民重要的图腾崇拜物。藏族人民对牦牛的图腾崇拜不断发展和演化，形成了一种独特的文化形式。

孕期：约 260 天 | **社群习性：**群居 | **保护级别：**易危 | **体形大小：**体长 2~3 米，肩高超过 130 厘米

藏獒

又称西藏獒、獒犬、番狗
食肉目、犬科、犬属

藏獒原本是中国青藏高原的特有物种，后来被许多国家和地区引进。它们是体形较大的犬科动物，性格刚毅勇猛。藏獒的头面宽阔，鼻梁坚挺，鼻子宽且大。双肩平顺，肌肉发达。体毛比较粗硬，外层被毛不太长，底毛浓密、柔软且耐寒冷。虽然它们的攻击力和咬合力对大型食肉动物不构成威胁，但在犬科动物中却是数一数二的，有“犬中之王”的美誉。

分布区域：世界上许多国家和地区都有藏獒的足迹，但原始藏獒生活在青藏高原海拔 3000 米以上的高寒地及中亚的平原地区。

栖息环境：栖息在高寒低氧的环境中。

生活习性：藏獒为群居动物，性格坚毅、勇猛，野性十足，极具威慑力。警觉性高，领地意识极强，对主人极为忠诚，在领地内对陌生人有强烈敌意，善于保护主人及其财物。喜欢侧卧休息，这样不仅可以及时观察周围的情况，还可以保护鼻子不被冻伤。它们没有固定的睡眠时间，可以随时随地打盹，但一般集中在深夜和中午时分。

饮食特性：除肉、骨等动物性食物外，也吃大量的植物性食物。

繁殖特点：每年发情两次，春季发情期为 3—5 月，秋季为 9—11 月，母犬发情以阴道流血为标志。孕期为 58~65 天。

种群现状：藏獒是古老的稀有犬种，在东方有很多和藏獒有关的传说。但多年来因为草原的特殊生活环境，再加上牧民薄弱的血统保护意识，导致原始藏獒与当地牧羊犬以及外来犬种血统融合，纯种藏獒越来越少。

孕期：58~65 天 | 社群习性：群居 | 保护级别：未知 | 体形大小：雄性体长约 72.6 厘米，雌性体长约 71.6 厘米

麝牛

又称麝香牛、北极麝牛
偶蹄目、牛科、麝牛属

麝牛生活在北极的苔原地带，外形像牛，角也像牛。躯体敦实，吻部和鼻部裸露，其前额有簇毛，两只小耳朵被毛遮盖。麝牛的眼睛大而圆，瞳孔为紫蓝色，唇和舌尖也是紫蓝色。麝牛的体毛较长，绒毛丰满，为暗黑棕色，颈背到肩部有鬣毛，略有卷毛，下垂的时候就像披风。

体形较大，躯体敦实，低矮粗壮，体毛长，绒毛丰满，为暗黑棕色

四肢短而强壮，蹄子宽大，蹄下生有白毛

分布区域： 分布于北美洲北部，以及格陵兰岛、俄罗斯、挪威等地的北极苔原地区。

栖息环境： 栖息在气候寒冷的多岩荒芜地带。

生活习性： 麝牛为群居动物，生性勇敢，任何情况下都不会退却逃跑，一旦受到狼、熊等捕食者的袭击，麝牛群就会成防御阵形，把幼牛和母牛围在中间，成年公牛则站在前端外沿对抗捕食者。牛角是它们进攻和自卫的武器，在与敌人对峙时，公牛会抓住机会出其不意地发动进攻，进攻完成后，再迅速返回原地。

饮食特性： 主要吃草和灌木的枝条，冬季亦挖雪取食苔藓类。

繁殖特点： 繁殖率相对较低，交配期为每年的7—9月。4—6月产仔，每胎产一仔，偶尔有生2仔的情况，一般每两年生产一次。哺乳期为3~4个月，幼仔的成活率很低，由于天气很冷，初生的幼仔常常乳毛未干就被冻死。

趣味小课堂： 平时，麝牛看上去非常悠闲，走走停停，一会儿吃吃草，一会儿躺下来嚼嚼草，然后再打个盹儿。等睡好了，又站起来继续吃草、打瞌睡。麝牛这样做其实是为了减少能量的消耗，进而减少对食物的需求。

颈背至肩部有鬣毛，略有卷曲，如披风般下垂

雌雄均有角，角基部较厚，先下弯，再上挑

眼睛大而圆，瞳孔为紫蓝色

孕期：8~9个月 | 社群习性：群居 | 保护级别：无危 | 体形大小：体长180~230厘米，肩高120~150厘米

高原鼠兔

又称黑唇鼠兔
兔形目、鼠兔科、鼠兔属

高原鼠兔体形较小，身材浑圆，耳朵小且圆，后肢比前肢长，没有尾巴。体色为灰褐色，吻部和鼻部被毛黑色，耳朵背面为黑棕色。从脸部、颈部、背部到尾基部为沙黄或黄褐色，腹面为污白色，毛尖有淡黄色泽。高原鼠兔为青藏高原的特有物种，数量大，曾被当作是草场退化的元凶，一直是被灭杀的对象。

分布区域： 分布于青藏高原及毗邻的尼泊尔等地。

栖息环境： 栖息在海拔3100~5100米的高寒草甸、高寒草原地区。

生活习性： 高原鼠兔为群居动物，多在草地上挖洞来居住。它们的活动范围为距中心洞20米左右的区域，没有贮存牧草越冬的习惯。能发出6种代表不同含义的声音，如成年鼠兔在求偶交配时会发出“咦”声。

饮食特性： 以各种牧草为食，主要取食禾本科、莎草科及豆科植物。

繁殖特点： 繁殖活动通常从4月开始，每胎产3~4仔。每年可繁殖2胎，繁殖期雌雄共同生活，之后各自独立生活。夏季，成年雌性会成功生育多只幼仔，使其数量急剧攀升。

体形中等，身材浑圆，没有尾巴，体色呈灰褐色

孕期： 约30天 | **社群习性：** 群居 | **保护级别：** 未知 | **体形大小：** 体长120~190毫米，体重约178克

石貂

又称岩貂、扫雪貂、榉貂
食肉目、鼬科、貂属

石貂是一种中小型食肉动物，也是国家二级保护动物。它们在行动时，尾部会扫到地面，故又名“扫雪貂”。石貂体形细长，头部呈三角形，吻部和鼻部较尖，耳圆钝、直立，后肢略长于前肢，爪尖利而弯曲。石貂的毛色为灰褐或淡棕褐色，头部为淡灰褐色，耳缘为白色。在它们的喉胸部有一个醒目的白色或茧黄色喉斑。

分布区域： 分布于欧亚大陆。

栖息环境： 栖息在森林、矮树丛、灌木林的边缘以及树篱和岩质丘陵，最高分布区域在海拔4200米的地区。

生活习性： 石貂是一种夜行性动物。行动敏捷，善攀缘，但平地奔跑速度比较慢，跑动中通常辅以纵跳。拥有敏锐的听觉、视觉，如果听到响声，会先趴在地上，然后向有声响的方向倾听和窥视。随气候变化，石貂会进行冬、夏毛更换，冬季是雪白色的，仅有一小段尾尖为黑色。

饮食特性： 主要以各种野鼠、野兔、松鼠等小型哺乳动物为食。

繁殖特点： 每年7—8月为交配期，有受精卵延迟着床现象。通常到次年3—4月分娩，每胎产1~8仔，由雌貂单独抚养。

个体相对较小，体形较细长，有白色或茧黄色的大喉斑

孕期： 236~275天 | **社群习性：** 独居 | **保护级别：** 易危 | **体形大小：** 体长约45厘米，体重约1.5千克

小熊猫

又称红熊猫、红猫熊、九节狼、金狗
食肉目、小熊猫科、小熊猫属

小熊猫是国家二级保护动物。躯体肥壮，外形像猫，但比猫肥壮。小熊猫四肢粗短，头部短宽，吻部突出，脸较圆，脸颊有白斑。耳朵较大且直立，耳郭尖。小熊猫的爪子弯曲而锐利，可以伸缩。全身为红褐色，四肢为黑褐色。尾巴粗长，不能缠绕、抓握，尾毛长而蓬松，尾尖为深褐色。近年来，由于生态环境的破坏和非法捕猎等，小熊猫的数量锐减，亟待保护。

圆脸，头骨高而圆，脸颊有白色斑纹，前额为棕黄色或淡黄棕色

吻部较短，嘴周有白斑，胡须为白色

耳大且直立，向前伸，耳郭尖，耳内有毛，耳基部外侧生有长的簇毛
外形像猫，但比猫的躯体肥壮，身上被粗的长毛，全身红褐色
眼睛前向，瞳孔为圆形，眼圈为黑褐色
尾长，长度为体长的一半以上，上有12条明暗相间的环纹，尾尖深褐色
鼻端裸露，鼻吻部较短，鼻骨明显向前倾斜，为黑褐色，鼻上部有白斑
四肢粗短，呈黑褐色，后肢略长于前肢，前后肢均有5趾

分布区域： 分布于不丹、中国、印度、缅甸、尼泊尔。在中国，主要分布区域为西藏、云南、四川等地。

栖息环境： 栖息在海拔2500~4800米的针阔混交林或常绿阔叶林中有竹丛的地方。

生活习性： 小熊猫通常独居或成小群活动，没有冬眠习性，下雨的时候通常会在岩石缝隙中或树荫深处躲避。性情温顺，听觉、视觉以及嗅觉都不是特别灵敏。善于攀缘，常在高树上休息或躲避敌害。在陆地的行走速度较慢，走路姿态像熊。白天的大多数时间在树洞、石洞或岩石缝中睡觉，阳光充足时，喜欢在向阳的山崖或树顶晒太阳，晚上则出来活动、觅食。

饮食特性： 喜食箭竹的竹笋、嫩枝和竹叶，以及各种野果、树叶、苔藓等。

繁殖特点： 小熊猫一般在3—4月发情，常在石头或树桩上摩擦外生殖器。通常在5—7月产仔，每胎产2~3仔。幼仔刚出生的时候全身长满绒毛，毛色较浅，体重100~150克。

孕期：117~122天 | 社群习性：独居或成小群 | 保护级别：濒危 | 体形大小：体长40~63厘米，体重约5千克

原驼

偶蹄目、骆驼科、羊驼属

原驼是一种优雅的动物，脖子修长，有四条长而细的腿。它们的头部为白色和灰黑色，嘴唇周围、耳朵以及腿部内侧为白色。全身毛茸茸的，像穿了一件毛衣，背部为浅驼色或褐色。脚下有宽大的底垫，所以只有在它们的脚与岩石或砾石地面接触的时候才能听到蹄声。

嘴唇周围为白色

分布区域： 分布于美洲大陆的中西部沿线，包括秘鲁、智利、玻利维亚、阿根廷、巴拉圭等，其中大部分生活在秘鲁和玻利维亚交界的安第斯山脉。

栖息环境： 生活在高原上，包括荒漠草原、稀树草原、灌丛以及森林周边，但从不到树林中去，也避免去多岩地区。

生活习性： 原驼为群居动物，成 4~10 只的小群活动，雄兽为首领，领地以粪便为标志。很忠诚，据说若群体中的头兽被杀死，其余的雌兽并不会逃跑，会聚在身边用鼻子拱头兽，似乎是想让它站起来一起走。性情温顺，以食草为生。为了适应高原气候环境，原驼进化出特有的身体结构，如它们的血液可以比平原上的哺乳动物携带更多氧气，以满足它们的氧气需求。它们会在大雪覆盖或极度干旱时，为了缓解食物短缺的压力，从高原地区迁移到低海拔地区。

长而细的腿

饮食特性： 主要吃草、灌木、地衣、仙人掌及其他肉质植物。

繁殖特点： 原驼通常在 8—9 月交配，每胎产一仔。雌兽在分娩后两个星期内即可再次交配。

孕期：345~360 天 | 社群习性：群居 | 保护级别：低危 | 体形大小：身高约 120 厘米，体重约 90 千克

眼镜熊

又称安第斯熊
食肉目、熊科、眼镜熊属

眼镜熊是南美洲的特有物种，与大熊猫的血缘关系密切。它们具有独特的体貌特征，口鼻部分颜色较浅，眼睛周围有一圈粗细不一的奶白色纹，将眼睛上的黑斑隔开，像戴了一副眼镜，它们的名字也由此而来。眼镜熊身材矮胖，脖子短粗。毛发中等长度，全身毛色为黑、红棕或深棕色，且十分厚密粗糙，脸部为白色，前胸部为白色。

分布区域：仅分布于南美洲，包括委内瑞拉、哥伦比亚、厄瓜多尔、秘鲁、玻利维亚、阿根廷以及巴拿马。

栖息环境：栖息地生态环境多样，包括海拔 1900~2350 米的高山密林、树木稀疏的草原或沿海的低矮灌丛等。

生活习性：眼镜熊为独居动物，没有很强的地域性，据报道，雄性在雨季的平均活动范围为 23 平方千米，在旱季为 27 平方千米；雌性在雨季的平均活动范围为 10 平方千米，在旱季则为 7 平方千米。通常在晨昏或夜间活动，白天会躲在树洞或岩洞里睡觉。善于攀爬，喜欢在树上活动，甚至会把巢穴建在树上。没有冬眠的习性，因为在它们生存的地方食物来源丰富，可以随时满足它们的生存需要。它们主要通过嗅觉交流，母熊和幼仔至少使用五种不同的声音进行交流。

饮食特性：喜爱吃植物的果实，尤其是凤梨科植物。

繁殖特点：交配季节一般在每年 4—6 月，通常在 11 月到次年 2 月分娩，每胎产 1~4 仔，通常为 2 仔。有受精卵延迟着床现象。幼仔通常出生在植物果实成熟的前几个月，这使其有足够的时间断奶。幼仔刚出生的时候非常小，只有 300~360 克，眼睛在 30~42 天睁开。

孕期：7~8 个月 | 社群习性：独居 | 保护级别：易危 | 体形大小：体长 110~210 厘米，尾长约 7 厘米

豚鼠

又称天竺鼠、荚鼠
啮齿目、豚鼠科、豚鼠属

豚鼠原本产自南美洲的安第斯山脉，因肥硕似猪而得名。豚鼠的眼睛大而圆，很明亮，耳朵也比较圆。门齿很短，臼齿呈棱镜状，会一直不断生长。它们的四肢较短，前肢有 4 趾，后肢有 3 趾，有尖锐的短爪，不擅长攀登和跳跃。豚鼠体形短粗而圆，体毛较短，有光泽，有黑色、白色、灰色等。

耳圆

分布区域：世界各地均有分布，主要分布区域为秘鲁、巴西、巴拉圭、哥伦比亚等地。

栖息环境：主要栖息在岩石坡、草地、林缘和沼泽地带。

生活习性：豚鼠为群居动物，成 5~10 只的小群活动，雄鼠占领统治地位，它们夜间活动。体质较好，不易生病，没有什么饮食禁忌。生性敏感，温顺而胆小，适宜在干燥、清洁的环境中生存。拥有敏锐的嗅觉、听觉，对周围声音、气味、温度等的变化反应强烈，如果受到惊吓，还会发出“吱吱”的尖叫声。虽然体格强健，但如果空气混浊或天冷则易患肺炎，怀孕的雌鼠甚至还可能因此而流产。

眼睛大而圆，明亮

四肢较短，前肢有 4 趾，后肢有 3 趾，有尖锐的短爪，不擅长攀登和跳跃

头较大

体形短粗而圆，体毛皆短，有光泽，有黑色、白色、灰色等

饮食特性：主要吃植物的绿色部分，以杂草为主食，也喜欢吃青椒、生菜等蔬菜。

繁殖特点：全年都可以繁殖，繁殖率高。性周期短，一般为 16 天左右。雌鼠孕期较长，每年可产 6 仔，在分娩后 48 小时之内或哺乳期时可能又会受孕，称产后性期或反常怀孕。

孕期：59~72 天 | 社群习性：群居 | 保护级别：野外灭绝 | 体形大小：体长 20~25 厘米，体重 0.7~1.2 千克

骆马

偶蹄目、骆驼科、骆马属

骆马因体形像马、脖子和胸像骆驼而得名。它们是南美洲安第斯山区半干旱草原特有的动物，被印第安人驯化后，可被用作高山上的驮运工具。骆马头部大，呈楔形，耳朵较大，三角眼。它们的脖子和腿都比较长，善于使用脚掌和脚趾，以便在不平的岩石上站得更稳。骆马的毛长且细软，有纯白、黑色、黄褐色等。它们头部的毛色从黄色到红褐色，在颈部融合成苍白的橙色。白色长鬃毛覆盖胸部，背部是浅棕色，腹部以及侧面是脏白色。

头部大，楔形，毛色从黄色到红褐色

脖子长，橙色

三角眼

背部浅棕色

分布区域：分布于阿根廷、玻利维亚、智利、秘鲁和厄瓜多尔。

栖息环境：栖息在海拔 4000~5000 米的安第斯山区和南美洲南部的草原、半荒漠地区。

生活习性：骆马为群居动物，成 5~15 只的群体活动。由一只雄兽率领其他雌兽，警觉性较高，一旦有成员发现异常，会高声嘶鸣，提醒群体中的其他成员，使群体全体成员能够迅速逃跑。它们像骆驼一样耐饥、耐渴、耐劳，可在崎岖的山路上连续行走数天。

饮食特性：以食草为主，一般的干草和农作物的秸秆对它们来说是最好的食物。

繁殖特点：骆马一胎只产一仔。整个生产过程只用 15 分钟，幼仔出生之后便可站立、行走，之后 4~9 个月由母骆马负责养育幼仔。

趣味小课堂：据记载，骆马和印第安人很早就产生了密切联系，古印第安人把骆马当作最好的贡品，认为它们是神圣的动物，禁止狩猎和屠宰。每年 6 月 24 日，他们祭祀太阳神，只有在这隆重的祈神仪式上，才会把整匹骆马投入江湖之中以献祭。

孕期：330~350 天 | 社群习性：群居 | 保护级别：低危 | 体形大小：体长 125~190 厘米，尾长 15~25 厘米

岩羊

又称崖羊、半羊、石羊
偶蹄目、牛科、岩羊属

耳朵短小

岩羊是青藏高原的特有物种，为国家二级保护动物。体形中等，外形与山羊、绵羊相似。虽然雌雄都有角，但雄性的角像牛角一样粗大，只向后上方微微弯曲。它们身体的颜色与裸露岩石的颜色相似，可与环境融为一体，起到保护的作用。岩羊的头部长而狭窄，耳朵短小，体色以青灰色为主，吻部和面部为灰白色与黑色的混合色，胸部为黑褐色，腹部和四肢内侧则为白色或黄白色。体侧的下缘从腋下开始有一条明显的黑纹，尾巴末端为黑色。

分布区域：在中国主要分布于西藏、新疆、青海、甘肃、内蒙古、宁夏、陕西、云南和四川等地，在国外主要分布于尼泊尔、巴基斯坦、印度、蒙古国等国。

栖息环境：栖息在海拔 2100~6300 米的高山裸岩地带。

生活习性：岩羊为群居动物，通常十几只或几十只一起活动。群体成员之间依赖性很强，若有成员不幸死亡，其他成员会将尸体围住，目的是不让尸体被食腐动物叼走。跳跃能力极强，纵身一跳可达 2~3 米，可轻松地登上悬崖峭壁。即使是从十几米高的悬崖跳下，也不会摔伤，如果受惊，能迅速登上险峻陡峭的山崖逃跑。有迁移习性，冬季通常生活在海拔 2400 米处，春夏季常栖息在海拔 3500~6000 米处。

饮食特性：主要以蒿草、苔草、针茅等高山荒漠植物为食，冬季啃食枯草。

头部长而狭窄

臀部和尾巴底部为白色

冬季体毛比夏季长，并且颜色也比较淡

繁殖特点：每年 12 月到次年 1 月发情和交配，通常在 6—7 月生产，每胎产一仔。幼仔出生 10 天之后就可以在岩石上行走、攀登了。

孕期：5~6 个月 | 社群习性：群居 | 保护级别：低危 | 体形大小：体长 120~140 厘米，尾长 13~20 厘米

驯鹿

又称角鹿
偶蹄目、鹿科、驯鹿属

驯鹿是生活在北极地区的偶蹄目动物，它们的显著特点之一是雄雌两性都长角。它们的长角分枝繁复，甚至可以超过 30 叉。驯鹿的蹄子宽大，悬蹄发达，尾巴较短。驯鹿的皮毛轻盈，但极为耐寒，毛色主要有褐色、灰白色、花白色和白色。不同亚种、性别的毛色在不同季节有所不同，比如雄性北美林地驯鹿在夏季时毛色为深棕褐色，而格陵兰岛上的为白色。

分布区域：分布于北半球的环北极地区，包括欧亚大陆、北美洲北部及一些大型岛屿。

栖息环境：栖息在寒温带针叶林。

生活习性：驯鹿为群居动物，每年春天，它们会离开越冬的森林和草原进行长达数百千米的大迁徙。春天，离开亚北极地区，由雌鹿打头，雄鹿随后，沿着固定路线向北迁徙，沿途脱掉“冬装”，换上“夏衣”，而脱落的绒毛又成为来年迁徙的路标。小驯鹿生长速度很快，幼仔出生两三天之后就可以跟着雌鹿一起赶路，一个星期之后，就能像父母一样跑得飞快。

饮食特性：主要以石蕊为食，也吃问荆、蘑菇及木本植物的嫩枝叶。

繁殖特点：交配季节为每年 9—10 月，次年 4—5 月产仔。每胎产一仔，偶尔也会产 2 仔。哺乳期为 165~180 天。

孕期：225~240 天 | 社群习性：群居 | 保护级别：易危 | 体形大小：体长 120~220 厘米，肩高 87~140 厘米

川金丝猴

又称狮子鼻猴、仰鼻猴
灵长目、猴科、仰鼻猴属

颊部及颈侧棕红

川金丝猴是中国的特有物种，数量稀少，为国家一级保护动物。它们是典型的树栖动物，栖息在高山密林中。由于它们的栖息地海拔很高，为了御寒，它们身上长有很长的毛发。川金丝猴鼻孔向上仰，面部为蓝色，没有颊囊。颊部和颈侧为棕红色，肩背部有长毛，色泽金黄。

分布区域：分布于四川、甘肃、陕西和湖北。
栖息环境：栖息在海拔 1500~3300 米的森林中。
生活习性：川金丝猴为群居动物，通常以家族性的小群为活动单位，有需要时，多个小群会集成一个大群，大群的成员数量众多，甚至可达几百只，在灵长类动物中比较罕见。它们的小群由家庭组成，家庭成员共同觅食、玩耍、休息，并共同照顾家庭中的病弱者。它们不会在水平方向进行迁移，但会在栖息地中随季节变化进行垂直移动。
饮食特性：杂食性动物，以野果、嫩芽、竹笋、苔藓等为食，亦食昆虫、鸟、鸟卵等。
繁殖特点：全年都可以交配，8—10 月为交配高峰期，通常在次年 3—4 月产仔，个别的也会在 2 月或 5 月产仔。在家庭族群内，首领是一只成年雄猴，很多雌猴都想要和它交配，因此它们竞争激烈，需要“竞争上岗”。

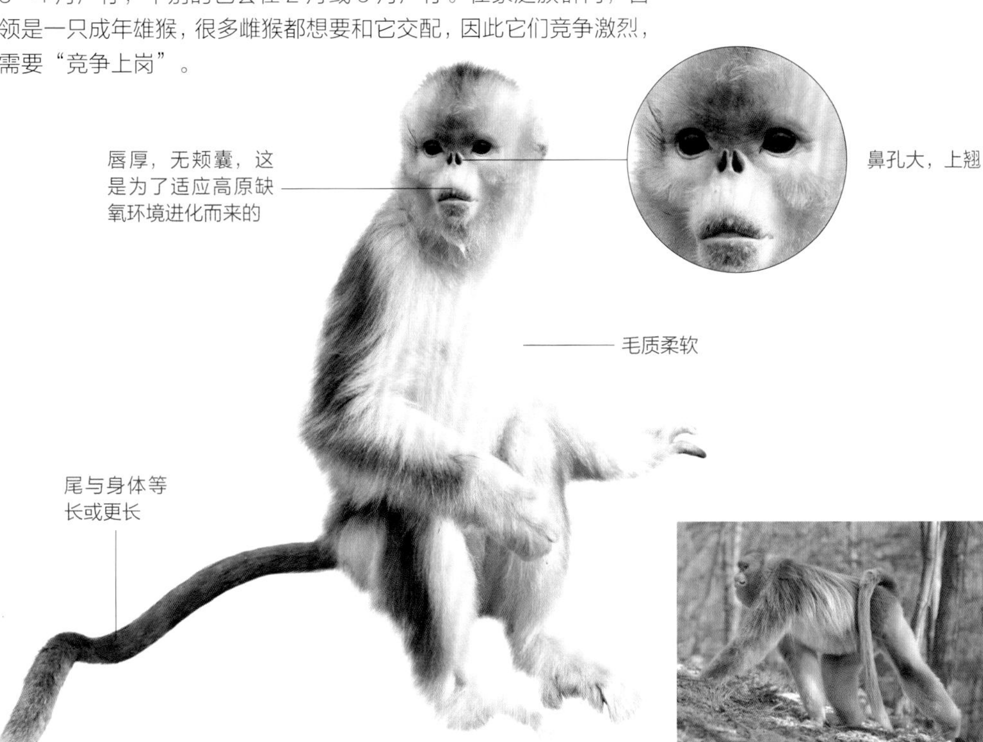

孕期：约 6 个月 | 社群习性：群居 | 保护级别：濒危 | 体形大小：身长 57~76 厘米，尾长 51~72 厘米

北极狼

又称白狼

食肉目、犬科、犬属

北极狼是体形较大的犬科哺乳动物。胸部狭窄，背部和腿十分强健有力，所以它们具备高效率的机动能力。北极狼的牙齿非常尖利，有助于捕杀猎物。北极狼有一层厚厚的毛，毛色为白色。耐力很好，适合长途迁徙。

牙齿非常尖利，有助于捕杀猎物

北极狼有一层厚厚的毛，毛色为白色

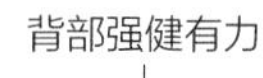

腿部肌肉发达

分布区域： 分布于北极地区，包括欧亚大陆北部、加拿大北部和格陵兰岛北部。

栖息环境： 栖息在北极地区的苔原、丘陵、冰谷、冰原、浅水湖泊的湖岸等地。

生活习性： 北极狼为群居动物，通常成 5~10 只的小群活动，领头的为公狼。它们的奔跑速度较快，追逐猎物时速可高达 65 千米，冲刺时一步便可达 5 米。此外，它们的耐力也很好，能以时速 10 千米的速度走十几千米。它们通常集体捕食猎物，由一只优势公狼指挥。一般选择弱小或年老的猎物为目标，然后从不同方向慢慢包抄，等时机成熟，便迅速扑倒猎物。

饮食特性： 以驼鹿、鱼类、旅鼠、海象、兔子等动物为食。

繁殖特点： 北极狼在每年 3 月开始交配，母狼怀孕之后会找一个新巢穴生产。每窝产 5~7 仔。一只母狼平均每年能产 14 只小狼，小狼一般诞生在洞穴里，有纯净的白色体毛，并安静地躺着。母狼此时几乎寸步不离，偶尔外出，时间也很短。哺乳期为 35~45 天。

种群现状： 北极狼的主要天敌是人类，人类砍伐树木、污染环境，导致它们失去了居住的家园，面临灭绝的危险。此外，偷猎者对北极狼的威胁也很大，据统计，每年至少有 200 只北极狼被猎杀。

孕期：约 60 天 | 社群习性：群居 | 保护级别：濒危 | 体形大小：身长 89~189 厘米，肩高 64~80 厘米

毛丝鼠

又称美洲栗鼠、龙猫
啮齿目、毛丝鼠科、毛丝鼠属

毛丝鼠生活在南美洲的安第斯山脉，皮毛柔软漂亮，也正因为如此，它们遭到人类的大量捕杀，现在已被列入智利的濒危物种名单。毛丝鼠前半身看起来像兔子，后半身像松鼠，耳朵大且钝圆，尾毛比较蓬松。眼睛明亮。它们的鼻端两侧有长须。毛丝鼠皮毛通常为蓝灰色，腹部渐淡到灰白色，腹中部有明显的白色带。

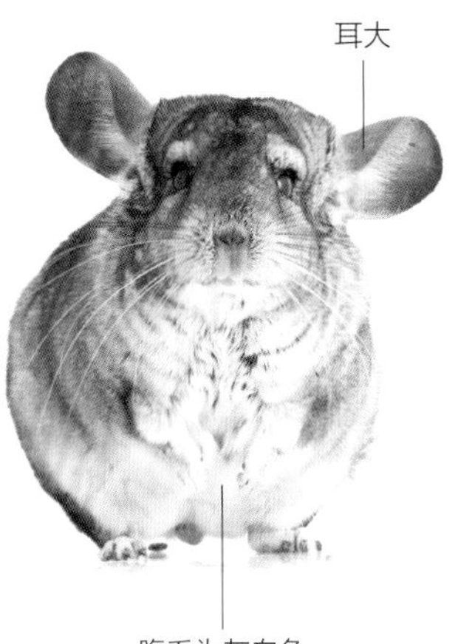

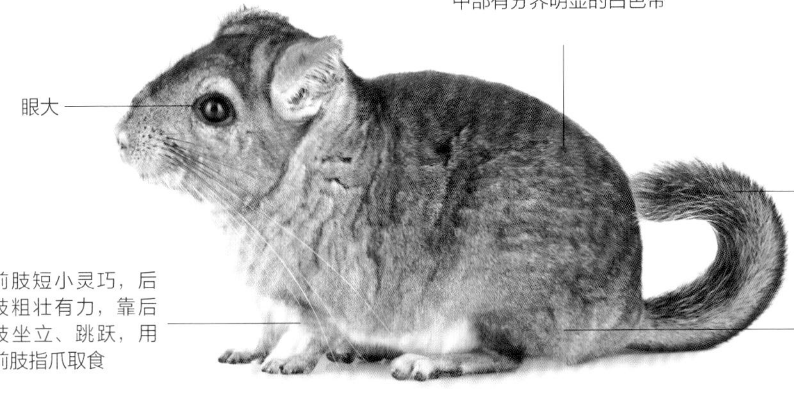

分布区域：分布于南美洲的秘鲁、玻利维亚、智利和阿根廷等国家的安第斯山脉地区。

栖息环境：栖息在海拔900~4500米干燥的高山岩石地带，一般栖息于洞穴、岩缝、岩洞及灌木中。

生活习性：毛丝鼠为群居动物，胆子较小，白天通常在洞中睡觉，晚上出来觅食。性情温顺，从不攻击人，如果遇到危险，会发出哀叫声报警。它们胆小怕惊，行动敏捷，善于跳跃。它们没有汗腺，因此不能在高温下生存，适宜温度为5~27℃，喜欢干燥、阴凉、清洁的环境。如果温度在0℃以下或27℃以上，不利于它们的生长发育。

饮食特性：以干草、草本植物的种子以及树皮和树根等为食。

繁殖特点：毛丝鼠全年都可以繁殖，交配多发生在12月到第二年3月。每年产2~3胎，每胎产1~4仔。产后1天雌鼠就可以发情，哺乳期45天左右。

孕期：110~124天 | 社群习性：群居 | 保护级别：易危 | 体形大小：体长24~38厘米，尾长10~15厘米

滇金丝猴

又称云南仰鼻猴、反鼻猴、黑金丝猴、黑仰鼻猴
灵长目、猴科、仰鼻猴属

滇金丝猴栖息地海拔较高，是中国继大熊猫之后的第二国宝，为国家一级保护动物。滇金丝猴的皮毛以灰黑色、白色为主，头顶有尖形黑色冠毛，眼周和吻鼻部为青灰色或肉粉色，鼻端上翘，为深蓝色。滇金丝猴的身体背侧、手足和尾都是灰黑色，身体的腹部、颈侧、臀部和四肢内侧都是白色。

分布区域：分布于中国的川滇藏三省区交界处，喜马拉雅山南缘横断山系的云岭山脉当中，以及澜沧江和金沙江之间的狭小地域。

栖息环境：栖息在海拔 2500~5000 米的高山针叶林带。

生活习性：滇金丝猴为群居动物，多成 20~60 只的群体活动。一个群体中的成年雌雄比例约为 3:1，一个家庭常由 1 只雄性和 2~3 只雌性及若干幼仔组成。没有明显季节性垂直迁移现象，活动范围为 20~133.4 平方千米。

饮食特性：主食松萝、针叶树的嫩叶和越冬的花苞及叶芽苞，也食箭竹的竹笋和竹叶。

繁殖特点：滇金丝猴通常在 7—8 月出生，由于栖息地海拔高，所以比川金丝猴产仔迟 2~3 个月。一夫多妻制。繁殖率较低，雌性大约 3 年才繁殖 1 次，这也是它们数量稀少的原因之一。

孕期：约 7 个月 | 社群习性：群居 | 保护级别：濒危 | 体形大小：体长 51~83 厘米，尾长 52~75 厘米

盘羊

又称盘角羊、大角羊、大头羊
偶蹄目、牛科、盘羊属

盘羊躯体粗壮，四肢较长。盘羊的蹄前面比较陡直，适合攀爬。其被毛粗而短，只有颈部被毛较长。体色通常为褐灰色或灰白色，脸面、肩胛、前背为浅灰棕色，腹部、四肢内侧和臀部为污白色，雌羊毛色比雄羊深暗。雌雄都有角，但形状和大小不同。雄性的角很大，呈螺旋状，角外侧有环棱；雌羊角形状简单，明显比雄羊的短细，呈镰刀状。

分布区域：分布于亚洲中部的广阔地区，包括中国、哈萨克斯坦、乌兹别克斯坦和蒙古国。

栖息环境：栖息在海拔 1500~5500 米的高山裸岩带及起伏的山间丘陵。

生活习性：盘羊为群居动物，通常 3~5 只或数十只为一群。爬山技巧较差，因此它们在逃跑时一般不会逃向过于陡峭的山坡。会进行季节性的垂直迁徙，夏季通常在雪线下缘活动，冬季再从雪线下缘迁至低山谷地。拥有敏锐的视觉、听觉和嗅觉，生性机警，只要周围稍有动静，便会迅速逃跑。

饮食特性：主要吃草和灌木的枝条，冬季亦挖雪取食苔藓。

繁殖特点：盘羊通常在秋末和初冬发情和交配，第二年 5—6 月产仔，每胎产 1~3 仔。

孕期：150~160 天 | 社群习性：群居 | 保护级别：近危 | 体形大小：体长 1.2~2 米，肩高 0.9~1.2 米

大羊驼

又称家羊驼
偶蹄目、骆驼科、羊驼属

大羊驼体形较大，四肢修长，头较长，高耸弯曲的耳朵是它们的主要特征，耳朵颇长，微微向前弯。大羊驼没有驼峰，脚趾之间相隔远，每根脚趾都有底垫。它们的尾巴很短，毛长而柔软。体色一般为白色、褐色或黑白相杂，也有灰色或黑色的。在南美洲地区，它们是重要的驮兽之一，主要用来背负和运输重物，也是纺织品及食物的来源之一，可满足人们的衣食需要。

分布区域： 分布于南美洲。

栖息环境： 适应较为寒冷的高原气候，多数栖息在安第斯山脉。

生活习性： 大羊驼为群居动物，它们非常聪明，新事物只要尝试几次后，便可以学会。性情温和，充满好奇心，很乐意与人类打交道。不过度进食，在采食过程中一般会稳步游走，吃草的时候会用牙齿切断啃食一小部分牧草的尖部，不会破坏草场。大羊驼可做其他动物的看护，保护它们免受食肉动物伤害。被骚扰的时候，它们会将双耳贴向后面，如果受到强烈的刺激，它们甚至还会吐口水以示警告。

饮食特性： 以青草、干草为食，偶尔也食饲料。

繁殖特点： 大羊驼的生殖循环比较特别，雌性是诱导性排卵的。

孕期： 11~12 个月 | **社群习性：** 群居 | **保护级别：** 未知 | **体形大小：** 身高 1.6~1.8 米，体重 127~204 千克

黑足雪貂

又称黑足鼬、黑脚貂
食肉目、鼬科、鼬属

黑足雪貂是世界上最稀有的哺乳动物之一，也是北美地区唯一的原产鼬类。雄性较大，上体的皮毛为黄色，下体为灰白色。它们的尾巴为深色，嘴部、脸部、喉咙和前额为白色，眼睛周围有一个黑色“面具”，鼻尖为黑色。有强壮的前肢和较大的前爪，非常适合挖掘。

分布区域： 曾分布于北美大陆从加拿大南部到墨西哥北部的广大地区，后来几近灭绝。

栖息环境： 栖息在海拔 1600~2200 米的沙漠或草原地带。

生活习性： 黑足雪貂为独居动物，喜欢独来独往。通常白天不出洞，只有晚上才出来觅食。它们有穴居的生活习性，但自己却不会挖洞，一般居住在土拨鼠遗弃的洞穴中。生性懒惰，不喜外出活动，甚至可以待在洞中 5~6 天不出来活动觅食。同时，它们又具有一定的领地意识，常会为了领土而发生争斗。

饮食特性： 主要以老鼠和地松鼠为食，土拨鼠是黑足雪貂最喜欢的食物。

繁殖特点： 黑足雪貂的受精卵可以延迟发育，繁殖季节一般延续到 3—4 月。每窝产 1~6 仔，幼仔刚出生的时候没有视觉。

孕期： 35~45 天 | **社群习性：** 独居 | **保护级别：** 濒危 | **体形大小：** 体长 31~41 厘米，尾长 11~15 厘米

北极兔

又称山兔、蓝兔
兔形目、兔科、兔属

北极兔是生活在北极地区的兔子。生活在北极北部的北极兔和生活在南部的有所不同，北部的北极兔浑身雪白，南部的北极兔只有在冬天才会通体雪白，其他季节时只有尾巴为白色，其余部分为灰褐色。北极兔的体形比家兔大，身体肥胖，且毛量丰富，拥有两层被毛，下层的毛短而茂密。它们的四肢非常灵活且有力，脚掌较大，且脚掌下长着长毛。

耳朵较小

脚掌较大，且脚掌下长着长毛

分布区域：分布于北美洲的加拿大北部和格陵兰岛的冰原上。

栖息环境：栖息在寒冷的北极地区。

生活习性：北极兔为群居动物，通常一个群体有成员 20~300 只。北极兔彼此之间可以用肢体语言以及气味来沟通，听力也非常好。此外，它们的耳朵也能用于交流，不同的位置和姿态，传递不同的信息。为了适应北极寒冷的环境，减少身体热量散失，它们全身密被蓬松的绒毛。行动速度很快，时速可达 64 千米，如果遇到危险，它们会站起来，并像袋鼠一样用后腿快速跳跃逃跑。

饮食特性：以苔藓、树根等为食，偶尔也会吃肉。

繁殖特点：北极地区夏季较短，所以北极兔不能一年生育多次。北极兔一年生育一次，每窝能产 2~5 仔。北极兔繁殖率不高，但幼兔存活率较高。

趣味小课堂：在兔类动物中，北极兔生活在地球的最北方，活动范围可延伸到北纬 89°，至格陵兰岛的最北端。

体形比家兔大，身体肥胖，且毛量丰富，拥有两层被毛，下层的毛短而茂密

后肢比较小

四肢非常灵活且有力

孕期：未知 | 社群习性：群居 | 保护级别：无危 | 体形大小：体长 55~71 厘米，体重 4~5.5 千克

北极狐

又称蓝狐、白狐
食肉目、犬科、狐属

北极狐是北极地区特有的物种之一，浑身雪白，能与周围的冰雪世界融为一体。柔软的被毛长、软且厚，可在 -50℃的北极起到御寒的作用。北极狐体形较小而肥胖，颜面窄，嘴较尖，耳朵较圆。腿较短，脚底部也有长毛，很适合在冰雪地上行走。尾毛比较蓬松，尖端为白色。冬天，北极狐全身为雪白色，只有鼻尖和尾端为黑色，春天体毛颜色会逐渐转变为青灰色，夏天体毛为灰黑色。

分布区域： 分布于整个北极范围，包括俄罗斯北部地区、加拿大北部地区、阿拉斯加、格陵兰岛和斯瓦尔巴群岛的外缘，还分布于亚北极和高山地区，如冰岛和斯堪的纳维亚半岛。

栖息环境： 栖息在北冰洋的沿岸地带和一些岛屿上的苔原地带。

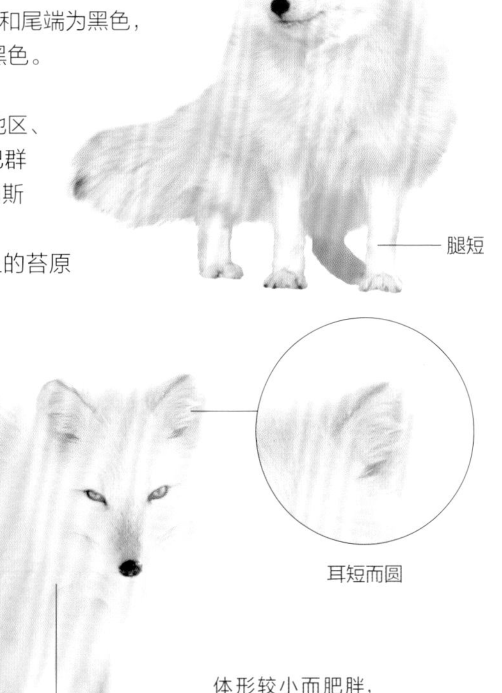

生活习性： 北极狐为群居动物，具有一定的领域性。通常把巢穴建在丘陵地带，一般它们的巢穴都有几个出口，并且为了使洞穴能长期居住，每年它们都要对洞穴进行维修和扩展。有储存食物的习性，一般在夏季会把部分食物存入洞穴中，等到冬季食物匮乏时食用。可以进行长距离迁徙，有很强的导航本领。它们冬季离开巢穴，迁徙到 600 千米外的地方，然后在第二年夏天返回家园。

饮食特性： 以旅鼠、鱼、鸟类、鸟卵、北极兔、贝类等为食。

繁殖特点： 每年 2—5 月发情交配。发情开始的时候，雌北极狐头扬起，坐着鸣叫，呼唤雄北极狐。每窝一般产 8~10 仔。哺乳期为 2 个月。

孕期：51~52 天 | 社群习性：群居 | 保护级别：无危 | 体形大小：体长 46~68 厘米，尾长 28~31 厘米

北极熊

又称白熊
食肉目、熊科、熊属

北极熊生活在北极，体形庞大，头部比棕熊长，但脸稍小。它们的耳朵小而圆，颈部细长，足宽大，脚掌有很多毛。北极熊皮肤是黑色的，可从鼻头、爪垫以及眼睛四周看出来，因为黑色皮肤有助于吸热，是保暖的好方法。北极熊的毛是无色透明的，外观上为白色，但夏季氧化之后可能会变成淡黄色、褐色或者灰色。

头部相对棕熊来说较长，脸小

颈细长

分布区域： 分布于北冰洋附近。
栖息环境： 栖息在北冰洋附近有浮冰的海域。
生活习性： 北极熊通常为独居动物，看起来憨态可掬，但性情凶猛。游泳能力非常强。北极熊生命中大部分时间处于“静止”状态，比如睡觉、躺着休息，剩下的时间在行走、游泳、捕猎以及享受美味中度过。它们通常采取两种捕猎模式，一种是“守株待兔”，先在冰上耐心守候，一旦猎物靠近，突然发起攻击；另外一种是直接潜入水下，主动向靠近岸边的猎物发动攻击。近年来，随着全球气温的升高，北极浮冰大量融化，北极熊赖以生存的环境遭到了破坏，对它们的生存构成了极大威胁。
饮食特性： 主要捕食海豹，特别是环斑海豹。
繁殖特点： 每年的 3—5 月发情交配，每胎通常产 2 仔，幼仔死亡率为 10%~30%。刚出生的幼仔重 700 克，1~2 个月之后可以行走，哺乳期为 4~5 个月。
趣味小课堂： 世界上现存最大的陆生食肉动物是北极熊，它们也是生活在地球最北部的熊。

耳小而圆

皮肤黑色，但由于毛发透明，故外观上通常为白色，也有黄色等颜色，体形巨大

足宽大，脚掌多毛

孕期：195~265 天 | 社群习性：独居 | 保护级别：易危 | 体形大小：体长 2.1~3.4 米，体重 400~680 千克

灰熊

又称藏马熊、哈熊，马熊、人熊，
食肉目、熊科、熊属

灰熊为国家二级保护动物。体形健硕，外形与黑熊相似，但更肥胖，体重更重，且毛色有多种，多为棕褐色或棕黄色。肩部具有强而有力的肌肉，呈隆起状。脚掌裸露，有厚实的足垫，但前足腕垫不如黑熊的宽大，与掌垫分开。爪子相当长，可达15 厘米。灰熊曾广泛地分布在北美洲的山地和平原上，是美国的典型生物之一，但有一段时期，由于大量捕杀，灰熊的数量急剧下降。近些年，通过一些保护措施，其数量有所恢复。

分布区域：分布于北美洲。

栖息环境：栖息在森林、苔原以及海岸沿线。

生活习性：灰熊为独居动物，有一定的领地意识，一般会在树干上留下痕迹来标记领地，警告其他同类保持距离。尽管体积庞大，但其行动却非常敏捷，能以时速 50 千米的速度高速奔驰。它们的嗅觉极其敏锐，但视觉和听觉却很普通。在每年的 11—12 月，灰熊会到洞穴中冬眠，但并不是完全进入休眠，有时候也会外出觅食。

饮食特性：以植物、昆虫、鱼、有蹄动物及动物尸体等为食。

繁殖特点：每年 5—7 月发情，一年只能生产一次，一般在第二年 1 月产仔，每胎产 2~4 仔，通常会在凌晨产仔。

爪子相当长，可达 15 厘米

肩部具有强而有力的肌肉，呈隆起状

外形与黑熊相似，但更肥胖，体重更重，且毛色有许多种，多为棕褐色或棕黄色

脚掌裸露，有厚实的足垫，但前足腕垫不如黑熊的宽大，与掌垫分开

孕期：6~9 个月 | 社群习性：独居 | 保护级别：易危 | 体形大小：雄性体长 170~280 厘米，雌性体长 85~140 厘米

羚牛

又称牛羚、扭角羚、金毛扭角羚
偶蹄目、牛科、羚牛属

羚牛是国家一级保护动物。羚牛不属于牛，更接近寒带羚羊，体形雄健，性情凶悍，体形如牛，头尾似羚羊，叫声与羊相仿。羚牛四肢粗壮，肩高于臀部。毛色有差异，由南向北逐渐变浅；老幼毛色也存在差异，一般老年个体为金黄色，且背中没有脊纹，而幼体则为灰棕色，颌下和颈下毛呈胡须状。雌雄都生有一对粗大光滑的角，形似牛角，从头顶向两侧弯曲，再折向后上方，角尖则向内扭曲。

有粗大的角，从头顶先弯向两侧，然后向后上方扭转

分布区域：产于中国、印度、尼泊尔、不丹和缅甸。

栖息环境：羚牛是一种高山动物，经常栖息于 2500 米以上的高山悬崖地带和高寒地区，冬季会迁徙到海拔 2500 米以下的针叶林多岩区。

生活习性：羚牛为群居动物，多成十多只的小群活动，有时会组成上百只的大群。队伍行进时候非常有纪律，强壮的公牛走在队伍的前面和后面，母牛和幼牛在中间。群牛危险性低，不会主动攻击人。通过低而深沉的吼叫来向对方传递位置信息，达到聚群和共同采食迁移的目的。发声的时候羚牛并不仰起头，也不向四周张望。

颌下和颈下长着胡须状的长垂毛

体形粗壮如牛

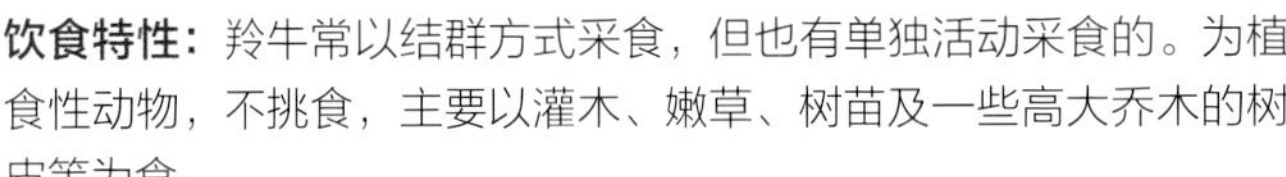

饮食特性：羚牛常以结群方式采食，但也有单独活动采食的。为植食性动物，不挑食，主要以灌木、嫩草、树苗及一些高大乔木的树皮等为食。

繁殖特点：交配季节为每年 7—8 月，孕期约为 9 个月，一般在第二年 3—5 月产仔，每胎产一仔。母牛会把稍大一些的幼仔放在羚牛“幼儿园”里，由一头羚牛照看，自己外出活动与觅食。

趣味小课堂：羚牛是不丹的国兽，在不丹被叫作“塔金”。

孕期：约 9 个月 | 社群习性：群居 | 保护级别：濒危 | 体形大小：体长 180~200 厘米，肩高 110~120 厘米

马鹿

又称八叉鹿、黄臀赤鹿、红鹿、赤鹿
偶蹄目、鹿科、鹿属

马鹿为国家二级保护动物，属于大型鹿类哺乳动物，体形高大，外形似马，故而得名。马鹿头与面部较长，耳呈圆锥形，鼻两侧和唇部为褐色，额部和头顶为深褐色，颊部为浅褐色。颈部和四肢较长，蹄子大，尾巴短。马鹿只有雄兽才有角，雌兽仅在相应部位有隆起的嵴突。

尾巴较短

四肢长

耳大，呈圆锥形

身体呈深褐色，背部及两侧有一些白色斑点

雄性有角，一般分为6叉，最多8个叉

鼻端裸露，其两侧和唇部为褐色

分布区域：马鹿分布区域广，常见于欧洲、北美洲、非洲北部及亚洲。

栖息环境：马鹿为北方森林草原型动物，栖息环境也极为多样，主要栖息于灌丛、草地等。

生活习性：雌性和幼仔喜欢群居，成年雄性喜欢独居。随季节更替而进行垂直迁移，一般不进行远距离迁徙，喜欢生活在隐蔽性强、食物充足的灌木丛和草地。性情机警，行动迅速，听觉灵敏，身强体壮，还有巨角作为武器，所以可以和捕食者进行搏斗。天敌为熊、豹、狼、猞猁等猛兽。

饮食特性：以各种草、树叶、嫩枝、树皮和果实等为食。

繁殖特点：发情期为每年的9—10月，发情一般持续2~3天，孕期为225~262天，在灌丛或高草地等隐蔽处生产，每胎一般产一仔。幼仔出生5~7天之后可以跟随雌兽活动，哺乳期为3个月。

趣味小课堂：研究显示，马鹿可能源自一种已经灭绝的被称为爱尔兰马鹿的物种，它们最早出现在中新世时期的欧亚大陆。从化石记录可知，这种鹿是鹿属动物中最大的成员。

孕期：225 ~ 262 天 | **社群习性：**群居 | **保护级别：**无危 | **体形大小：**体长约 180 厘米，肩高 110 ~ 130 厘米

狮尾狒

又称狮尾狒狒
灵长目、猴科、狮尾狒属

狮尾狒是一种大型猴类，尾端有一撮毛簇非常像狮尾，因此而得名。狮尾狒相貌奇特，体毛长而厚密，可以用来御寒。它们的体毛为深褐色至黑色，雄性肩披长毛，有明显颊毛，而雌性没有。狮尾狒面颊凹陷，呈“8”字形，鼻孔的开口在两侧。有明显胸斑，这是一种粉白色泡状裸皮，雄性的胸外有白色环斑，雌性的胸斑为顶珠水泡突形状，发情排卵期的时候，雌性对称的水泡会肿大变成艳红色。

面颊凹陷，呈“8”字形

分布区域：分布于埃塞俄比亚、厄立特里亚。
栖息环境：栖息在寒冷多风的高原。
生活习性：狮尾狒为群居动物，群体由一头成年雄性、几头雌性和它们的后代组成。大群最多可聚集 400 只狒狒，里面包括很多小的家族群。雌性是族群的基本成员，外来雄性要想进入群体，需要通过打斗竞争。雄性狮尾狒激动的时候会把整个上唇翻起，盖住鼻子，露出牙床和犬齿，这是灵长动物特有的表情。
饮食特性：以食草为主，而且是灵长类中唯一以草为食的种类，主要吃草籽、草根和草茎，也会吃野果、树叶、花朵以及昆虫。
繁殖特点：通常每胎仅产一仔，哺乳期为 12~18 个月。

毛长而厚密，略蓬乱

鼻孔的开口在两侧

体毛为深褐色至黑色

有明显胸斑，为一种粉白色泡状裸皮

趣味小课堂：狮尾狒有很多天敌，如兀鹫、花豹、胡狼等，它们都能对狮尾狒构成威胁。尤其是兀鹫，它们会从空中俯冲下来抓走小狮尾狒。另一威胁来自人类，人们把狮尾狒看作“害兽”，所以会猎杀它们。

孕期：5~6 个月 | 社群习性：群居 | 保护级别：无危 | 体形大小：体长 50~74 厘米，体重 13~21 千克

第五章

水生哺乳动物

水生哺乳动物的主要特点：
第一，它们拥有流线形的身体，
用尾鳍推动身体前进，用鳍状肢掌握方向。
第二，它们体形巨大，拥有厚实的毛皮，
可以减少热量散失。
第三，它们通常把氧气储存在一种叫
肌红蛋白的特殊蛋白中，
在潜水的过程中逐渐释放氧气。

海豹

食肉目、海豹科

海豹是对海豹科动物的统称。海豹身体粗圆，呈纺锤形，全身有短毛，背部多为蓝灰色，腹部多为乳黄色，常带有蓝黑色斑点。海豹的头近圆形，眼睛大而圆，耳朵极小，或退化成只有两个洞，游泳的时候可以自由开闭。它们的吻部短而宽，上唇触须长，呈念珠状。四肢为鳍状，有锋利的爪，后鳍肢大，尾较短小。毛色会随着年龄的增长而改变，成年之后颜色会变浅。

头近圆形，貌似家犬
耳朵变得极小或退化成两个洞，无外耳郭，有耳壳，游泳时可自由开闭
眼大而圆
上唇触须长而粗硬，呈念珠状

身体粗圆，呈纺锤形，全身被短毛，毛色随年龄的增长而改变，一般幼兽色深，成兽色浅
尾短小而扁平
背部多为蓝灰色
腹部多为乳黄色，常带有蓝黑色斑点
吻部短而宽
四肢均有 5 趾，趾间有蹼，形成鳍状肢，前肢短于后肢，具有锋利的爪，覆有毛的鳍足皆有趾甲

分布区域： 遍布整个海域，南极沿岸数量最多，其次是北冰洋、北大西洋、北太平洋等。

栖息环境： 栖息在寒、温带海洋。

生活习性： 海豹为群居动物，产仔、休息和换毛季节会到沙滩上、冰上或岩礁上，其余时间都在海中。游泳时大都依靠后足，但后足不能向前弯曲，且足跟已经退化，因此，它们在陆地上行走困难，总是依靠身体的上半部分拖着笨重的后肢向前爬行，在身后会留下一行扭曲的痕迹。游泳本领很强，时速可达 27 千米。也善潜水，一般可潜至 100 米深的海水中。

饮食特性： 以鱼类为主要食物，有时也食甲壳类及头足类。

繁殖特点： 发情期多在 12 月，平均每次产一仔。哺乳期为 4~6 周。产仔、哺乳、育儿必须在陆上或冰上进行，雌海豹一般独自产仔，然后组成家庭群共同抚育幼仔。等过了哺乳期，幼仔能独立在水中生活，家庭群就宣告解散。

孕期：9~10 个月 | 社群习性：群居 | 保护级别：濒危 | 体形大小：体长 1~6 米，体重 40~4000 千克

僧海豹

食肉目、海豹科、僧海豹属

僧海豹是唯一一种生活在热带的海豹，数量稀少。它们有圆圆的头部，上被浓密的短毛，形如僧头，因此得名。僧海豹的额部高而圆突，吻部短宽，脸上长着又黑又密的触须，直而软，且很光滑。它们前肢的爪发达，后肢的爪退化，外侧的趾最长。僧海豹身上没有普通海豹那样的斑点，体色为棕灰色或灰褐色，背部中线的颜色很深。

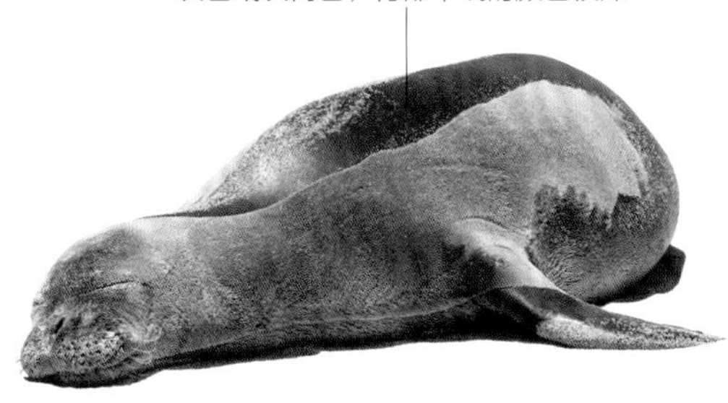

分布区域：分布于黑海、地中海和加勒比海的海岸地带。

栖息环境：栖息在水温较高的温暖海洋。

生活习性：僧海豹为群居动物，非常聪明，对新鲜食物会充满好奇。喜欢晒太阳，经常几十上百只地聚集在一起。适合在水中生活，如后肢不能向前弯曲，体表平滑光洁，呈流线形，非常适合快速游泳和潜水。而到了陆地，它们的四肢只能起支撑作用，在地上缓慢地爬行，动作十分笨拙。僧海豹生活的海域食物丰富，它们吃饱喝足了就会在水里追逐打闹。恼怒的时候，它们也会扭打在一起，互相撕咬，所以身上经常有牙齿啃咬的痕迹。

饮食特性：以各种鱼类、甲壳类、头足类等为食。

繁殖特点：僧海豹的交配是在水中进行的。雄海豹发现发情的雌海豹，便会对其穷追不舍，直到其同意交配。每胎产一仔。

孕期：8~9 个月 | 社群习性：群居 | 保护级别：极危 | 体形大小：体长 2.4~2.8 米，体重 250~400 千克

斑海豹

又称大齿海豹
食肉目、海豹科、海豹属

斑海豹是国家一级保护动物，全球斑海豹的 8 个繁殖区中就有中国的辽东湾海域。斑海豹身体肥壮而浑圆，呈纺锤形，全身生有细密的短毛。背部为灰黑色，并有不规则的棕灰色或棕黑色的斑点，腹面为乳白色，斑点稀少。斑海豹的头圆而平滑，四肢短，前后肢都有 5 趾，趾间有皮膜相连。

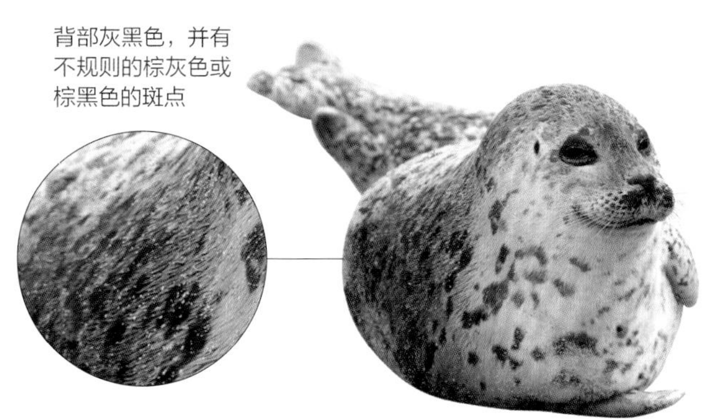

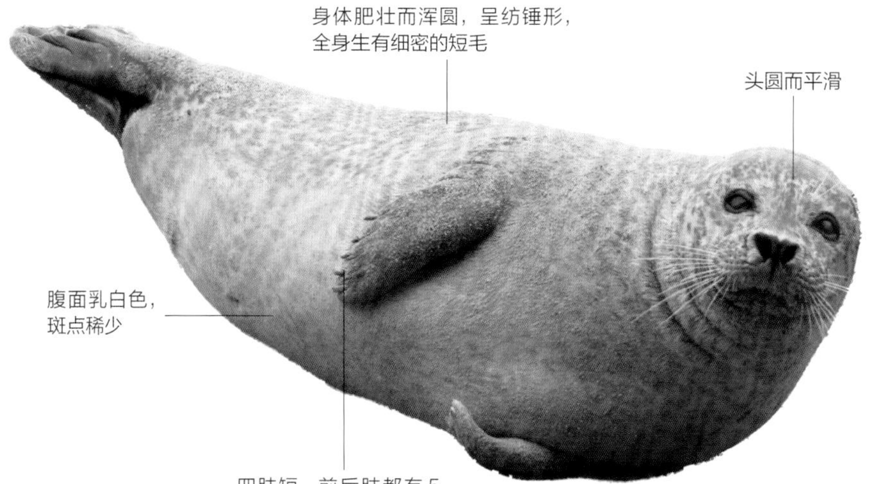

分布区域： 分布于北半球的西北太平洋，主要生活在楚科奇海、白令海、鄂霍次克海、日本海和中国的渤海、黄海北部。

栖息环境： 栖息在寒带和亚寒带海域。

生活习性： 斑海豹通常为群居动物，它们主要依靠后肢以及身体后部，以时速 27 千米的速度游动，而在陆地上，它们则只能依靠前肢以及身体上部匍匐爬行。因此，它们的陆地活动范围不大。一旦上岸，它们的警惕性就会变得很高，即使睡觉时，也常醒来观察四周的动静，如果发现危险，它们会迅速从岸边滚入水中。它们潜水的本领高强，可以潜至 100~300 米的深海处，每天潜水达 30~40 次，每次持续时间为 20 分钟以上。它们在水中的听力也很好，可以准确定位声源。

饮食特性： 以鱼类和头足类为食。

繁殖特点： 每年 1—3 月繁殖，在浮冰上产仔。通常每胎为一仔。亲兽与幼仔组成家族群，哺乳期的雌海豹护幼性极强。

孕期：约 10 个月 | 社群习性：群居 | 保护级别：濒危 | 体形大小：体长 1.2~2 米，体重约 100 千克

海獭

又称海虎
食肉目、鼬科、海獭属

海獭是最小的海洋哺乳动物，也是最适应海洋生活的食肉目动物。尾部扁平，约占体长的1/4。海獭的头部短而宽，耳壳较小，口鼻比较短钝，吻部突出。它们的身躯肥圆，后部较细，前肢较短，呈圆形，可用来抓取食物和梳理毛发。后肢比较宽大，呈鳍状。海獭除了鼻尖和脚掌，全身都有浓密的毛发，为浅褐色到黄棕色。

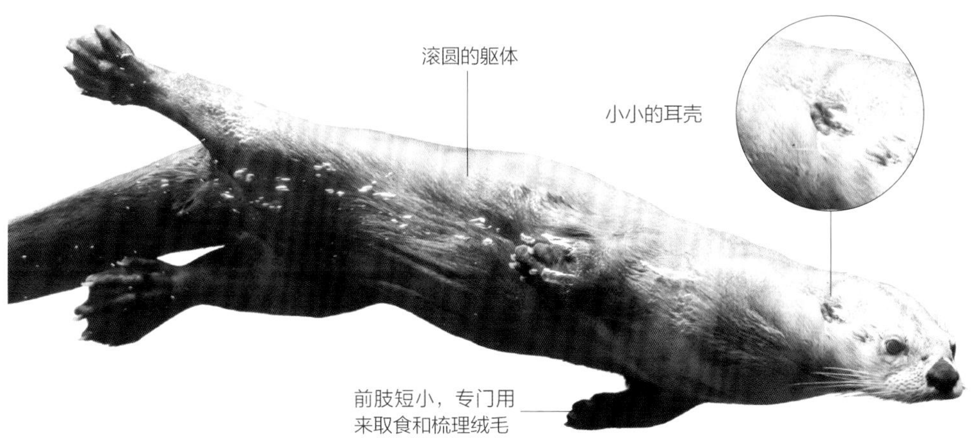

分布区域： 分布于北太平洋的寒冷海域。

栖息环境： 常见于多岩石的海边。

生活习性： 海獭为群居动物，白天常成群在海里嬉闹。很少到陆地上活动，几乎所有时间都在水中，但也从不远离海岸，连繁殖期也不例外。夜间会把海藻缠在身上，以防被海水冲走，枕浪而睡，并且有海獭轮流放哨。善潜水，能潜到海下3~10米处活动，甚至还能潜到水下50米处觅食。在陆地上行动缓慢、动作笨拙，全凭灵敏的听觉和嗅觉察觉危险，尤其是它们的嗅觉极其灵敏，能嗅到8千米以外的味道，有利于及早发现并躲避敌害。

饮食特性： 主要以贝类、海胆、螃蟹等为食，有时也吃一些海藻和鱼类等。

繁殖特点： 全年均可繁殖，繁殖较缓慢，5年才产一胎，通常一胎只产一仔。雌性哺育幼仔约6个月，有时长达一年。

趣味小课堂： 海獭会用很多时间来梳理、舔舐自己，包括皮毛、头尾和四肢，连胸腹部都会清洁得干干净净。因为海獭身上的皮毛有保温作用，如果皮毛脏、乱，海水可能会浸透皮肤，使热量散失，导致海獭被冻死。

孕期：9~10个月 | 社群习性：群居 | 保护级别：濒危 | 体形大小：雄性体长约147厘米，雌性体长约139厘米

海狗

又称皮毛海狮、毛皮海豹
食肉目、海狮科

海狗因外形似狗而得名。海狗体形呈纺锤形，体被刚毛和短而致密的绒毛，较浓密、光滑。它们的背部呈棕灰色或棕黑色，带有许多棕黑色或灰黑色的斑点。腹部色浅，为乳黄色。海狗吻部较短，旁有长须，眼睛大而圆，四肢呈鳍状，适合在水里游泳。

眼睛大而圆

分布区域：遍布世界各地，除了生活在白令海中的北海狗外，澳大利亚、新西兰、南非及南极洲等地的水域中也都有海狗的踪影。

栖息环境：多栖息在岩礁和冰雪上。

生活习性：海狗是群居动物，迁徙的时候也会成群迁徙。善游泳，幼仔出生后，便能以时速 24 千米的速度游 5 分钟。有洄游的习性，每年洄游的时间约为 8 个月，冬、春季，北太平洋的海狗向南方洄游觅食，夏季，又从各地洄游到北太平洋繁殖。为了避开鲨鱼、鲸、北极熊等天敌，一般在傍晚捕食，因为这时天敌很少出现，同时光线昏暗，不易被发觉。

饮食特性：以头足类、鳕鱼、鲑鱼、贝类以及各种海鞘等为食。

繁殖特点：每年 5 月，雄海狗会到达繁殖地抢占地盘，3~4 个星期之后雌海狗才到达。每只雄海狗会拥有不同数量的雌海狗，有的只和一只，有的则可以和上百只雌海狗在一起。孕期约 12 个月，胚胎在受精后的头 5 个月不发育，以确保小海狗可以出生在群栖地，而不是在海里。通常每胎产一仔，偶尔也产两仔。每年约有一半的幼仔在出生不久之后夭折。

孕期：约 12 个月 | 社群习性：群居 | 保护级别：易危 | 体形大小：体长 150~210 厘米，体重 45~270 千克

水獭

又称獭猫、鱼猫、水狗
食肉目、鼬科、水獭属

水獭是半水栖的哺乳动物。水獭躯体长，呈扁圆形，四肢较短。它们的头宽而扁，吻部较短，眼睛稍突，耳朵较小。鼻子小而呈圆形，裸露的小鼻垫上缘呈“W”形，下颏中央有数根短的硬须，前肢腕垫后面长有数根短的刚毛。尾巴长，长度几乎超过体长的一半。水獭体毛长而密，背部为咖啡色，腹部为灰褐色，喉部、颈下为灰白色。它们的毛色会随着季节更替而变化，夏季稍带红棕色。

分布区域： 欧亚大陆及其邻近的岛屿均有分布，中国各地都有发现。

栖息环境： 栖息在湖泊、河湾、沼泽等淡水区，常见于水岸石缝底下或水边灌木丛中。

生活习性： 水獭为独居动物，白天休息，夜晚活动。通常居住在洞穴中，习惯把洞穴建在靠近水源的树根、芦苇荡以及灌木丛等低洼处。为了便于捕食和逃生，洞穴往往有好几个出入口。喜欢用伏击的方法捕捉鱼类，在冬季，常躲在冰面下偷袭在水面觅食的水鸟。善于游泳和潜水，游泳的时候前肢靠近身体，用后肢和尾巴打水推动，游动速度很快，每分钟可以游 50 多米。听觉、视觉和嗅觉都很敏锐，在水中可以自行关闭鼻孔和耳孔瓣膜。

饮食特性： 杂食性动物，主要以鱼类为食，也捕捉小鸟、虾、蟹等，有时还吃植物性食物。

繁殖特点： 全年都可以交配，每胎产 1~5 仔。刚出生的幼仔重 50~70 克，有黑软的长毛，哺乳期约 50 天。

孕期：约 2 个月 | 社群习性：独居 | 保护级别：近危 | 体形大小：体长 57~70 厘米，尾长 35~40 厘米，体重 5~14 千克

象海豹

食肉目、海豹科、象海豹属

象海豹是体形最大的海豹，为国家二级保护动物，形似没有长牙齿的海象。雄性拥有外形独特的长鼻子，不仅能伸缩、膨胀，情绪激烈时，还会发出响亮的声音。头又圆又大，面孔光滑宽阔。眼睛向外突出，像玻璃球似的，并且常常流“眼泪”，肥胖的两腮装饰着几根胡须。它们的后肢特化，成为尾巴和尾鳍的一部分，四肢并不适合在陆上运动。体色根据分布区域有所不同，南象海豹为青灰色，北象海豹为灰色或黄褐色。

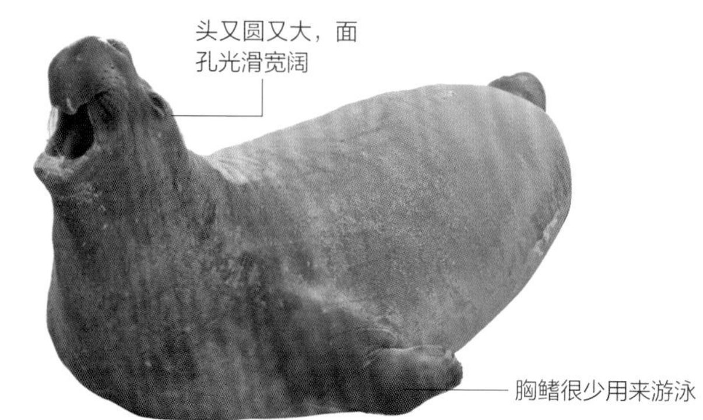

眼睛上方长有又粗又硬的毛发

眼睛向外突出，像玻璃球似的，并且常常流“眼泪”

肥胖的两腮装饰着几根胡须

具有5趾，趾间有蹼

后肢特化，成为尾巴和尾鳍的一部分，四肢并不适合在陆上运动

分布区域： 分布于大西洋、太平洋、印度洋等海域。

栖息环境： 栖息在较寒冷的海域。

生活习性： 象海豹为群居动物，经常成群躺在沙滩上睡觉。它们反应较慢、行动迟缓，就算人们在近旁活动，它们也泰然处之，继续在沙滩上睡觉。只有一点需特别注意，那就是不能到它们的背后活动，否则会激怒它们，因为它们最恐惧的是回大海的道路被切断。当象海豹兴奋或发怒的时候，鼻孔会张得很大，全身肌肉紧绷，喜、怒、哀、乐等表情突出而明显。

饮食特性： 以头足类和鱼类为食。

繁殖特点： 冬末的时候，雄象海豹总是首先来到繁殖地，两个星期后雌象海豹陆陆续续登陆，寻求配偶。小象海豹刚出生的时候身披一层卷曲的黑色胎毛，又短又软。

孕期：约 11 个月 | 社群习性：群居 | 保护级别：未知 | 体形大小：雄性体长 4~6 米，雌性体长约 3 米

新西兰黑白海豚

又称大西洋黑白海豚、海克特海豚
鲸目、海豚科、黑白海豚属

新西兰黑白海豚属于稀有的海洋哺乳动物。新西兰黑白海豚的头较长，前背部先急剧隆起，后向尾部渐低，状似驼背的大马哈鱼。鳍肢前、后缘接近平行，背鳍小，上端钝，位于身体中部。尾鳍较小，宽度小于体长的 1/ 5 。它们的侧面和背面为浅灰色，中间部位有较暗条纹，下侧为白色。尾鳍和圆角背鳍为黑色。

前背部先急剧隆起，后向尾部渐低，状似驼背的大马哈鱼

喙略长，与额部界限不清

背鳍小，上端钝，位于身体中部

鳍肢前、后缘接近于平行，末端圆

头较长

分布区域：分布于新西兰近海。
栖息环境：栖息在近海岸区域。
生活习性：新西兰黑白海豚为群居动物，通常成 2~10 只的小群活动，集群游动的时候速度不是很快。嬉戏的时候，经常把半个身体或全身露出水面，溅起高高的浪花。可以潜水约 90 秒，使用回声定位来帮助自己寻找猎物。它们拥有特殊的睡眠方式，大脑的两个半球通常不会同步休息，一般一个半球休息，另一个半球则保持清醒的状态，一段时间后，再交换休息。所以，它们在睡觉时通常是睁一只眼、闭一只眼的状态，就算是这种状态下，它们也一直在游动。
饮食特性：以小型鱼类和乌贼为食，也吃磷虾、甲壳类动物以及其他头足类动物。
繁殖特点：繁殖缓慢，雌性的生殖间隔期为 2~4 年，通常在春末至夏季生产，一胎产一仔。

孕期：未知 | 社群习性：群居 | 保护级别：濒危 | 体形大小：体长 1.2~1.6 米，体重 40 ~60 千克

宽吻海豚

又称尖嘴海豚、瓶鼻海豚
鲸目、海豚科、宽吻海豚属

宽吻海豚是海豚的一种，也是与人类接触最多的海洋动物之一，为国家二级保护动物。为中等尺寸的鲸类，雌性通常比雄性大。宽吻海豚体形纤细，呈流线形。喙部较短，喙部形态从宽短到狭长各不相同，嘴裂外形看上去似在微笑。它们的胸鳍可以用来控制方向。宽吻海豚的皮肤光滑无毛，全身整体为灰黑色，腹部为白色。

分布区域： 世界各海域，以热带沿海最多。

栖息环境： 生活在大陆架附近的浅海里，偶见于淡水之中。

生活习性： 宽吻海豚为群居动物，通常十多只组成一群。它们的社会化程度很高，群体中的各个成员不仅会合作捕猎，还会共同救助群体中受伤或生病的其他个体，这样可有效保证种群的延续。它们性情温顺、聪明活泼，深受人类喜爱。通常巡游时速为 5~11 千米，短时间内时速最高可达 70 千米。喜欢在大海中尾随船只前行，有时还会跃水腾空，景象非常壮观。它们在暴风雨到来之前会频繁跃出水面。每隔 5~8 分钟，它们必须浮上水面换气，通常每分钟换气 2~3 次。

饮食特性： 主要以鱼类和软体动物为食。

繁殖特点： 每年 2—5 月交配和产仔，生殖间隔期约为 2 年。通常在浅水区生产，每次时间为 15 分钟到 2 小时。哺乳期为 12~18 个月，幼仔会和母亲一直生活到 6 岁。

孕期：12 个月 | 社群习性：群居 | 保护级别：无危 | 体形大小：雄性体长 2.5~3.9 米，雌性身长 1.9~2.1 米

河狸

又称海狸
啮齿目、河狸科、河狸属

河狸是半水栖的哺乳动物，为国家一级保护动物。河狸体形较大，躯体肥大，头短且钝，眼睛较小，颈较短。四肢短且宽，前肢短，有强爪，后肢粗壮有力，后足具蹼，蹼达趾端。河狸身体背部为棕褐色，头部和腹部颜色稍浅。有针毛和绒毛，针毛长而粗，为黄棕色，绒毛短且柔软，为棕灰色。

分布区域： 主要分布在欧洲。在中国，仅分布于新疆东北部的青格里河、布尔根河和乌伦古河流域。
栖息环境： 栖息在寒温带针叶林和针阔混交林林缘的河边。

生活习性： 河狸为群居动物，夜间活动，胆子比较小，自卫能力较弱，喜欢安静的生活，遇到惊吓的时候会立即跳到水里，并拍打水面来警告同类。通常居住在洞穴中，并习惯把洞穴建在水源处的树根下或土质岸旁。它们所建造的洞穴会对环境产生重要影响，可谓是动物界中最著名的“建筑师”。它们还会用咬断的大树建造堤坝，围成一个封闭的池塘，然后在池塘中建造冬屋。在建造冬屋时，通常会用泥巴加固堤坝，不仅能防风雨，还能抵御低温和防御捕食者。

饮食特性： 以多种植物的嫩枝、树皮、树根为食。

繁殖特点： 每年繁殖一次，1—2月交配，4—5月产仔，每胎产1~6仔。哺乳期约2个月，幼仔出生的第二天就会游泳了。

孕期：约106天 | 社群习性：群居 | 保护级别：无危 | 体形大小：体长83~100厘米，尾长30~38厘米

海狮

食肉目、海狮科、海狮属

海狮是生活在北半球的海洋哺乳动物，体形较小，呈纺锤形。海狮的面部短宽，吻部较钝，外耳壳较小。它的四肢呈鳍状，大部分隐于皮下，后肢在身体的后端与发达的尾部连在一起，是主要游泳器官。前肢比后肢长且宽，前肢第一趾最长。海狮的体毛为黄褐色，背部毛色较浅，胸部及腹部色深。雌性的体色比雄性淡，没有鬃毛。

背部毛色较浅

分布区域： 分布于太平洋，主要生活在美国西北部沿海、南美洲沿海以及澳大利亚西南部沿海地区。

栖息环境： 除了繁殖期，一般没有固定生活空间，多生活在食物充足的地方，一些种类生活在北极圈内，而其他则生活在温暖海域。

生活习性： 海狮为群居动物，社会化程度非常高，成员间拥有多种通信方式。可在陆地上结成上千只的大群，但也常在海上发现数十只的小群。食量很大，为了填饱肚子，白天的绝大部分时间都待在海里捕食，雄性甚至每月要用 2~3 周的时间出去觅食，只偶尔在陆地上晒太阳，而夜晚则一般在岸上睡觉。雌性和幼仔比雄性在陆地上待的时间相对要多。它们性情温和，听觉和嗅觉较灵敏，但视力较差。

吻部钝

眼较小

体形较小，呈纺锤形

前肢较后肢长且宽，前肢第一趾最长，爪退化；后肢的外侧趾较中间三趾长而宽，中间三趾有爪

肢呈鳍状，大部分隐于皮下，后肢在身体的后端与发达的尾部连在一起，为主要的游泳器官

饮食特性： 以鱼类、乌贼、海蜇和蚌为食，也吃磷虾，有时还会吃企鹅。

繁殖特点： 繁殖的时候，在海岛岸边或浮冰上交配、育幼和换毛。每年 5—8 月交配，每胎仅产一仔。幼仔刚出生的时候为纯黑色，几个月之后颜色变浅。

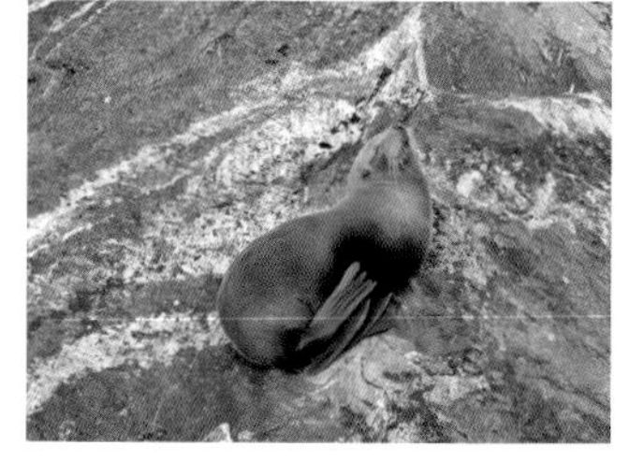

孕期：约 12 个月 | 社群习性：群居 | 保护级别：濒危 | 体形大小：体长一般不超过 2 米，体重最多为 1000 千克

河马 偶蹄目、河马科、河马属

河马体形巨大，躯体粗圆。皮较厚，厚达 4~5 厘米，皮下脂肪也很厚，这使得它们可以在水中浮起。四肢较短，前后肢各有 4 趾，趾尖有蹄，状如扁爪。河马的头硕大，眼睛、鼻孔和耳壳等生长在面部上端。嘴很大，比现存陆地上任何一种动物的嘴都大。牙齿很大，其中下门齿不是向上生长的，而是向前面平行伸出。胃有三室，不反刍。性温顺，惧冷喜暖，不会游泳，但可沿着河底潜行。

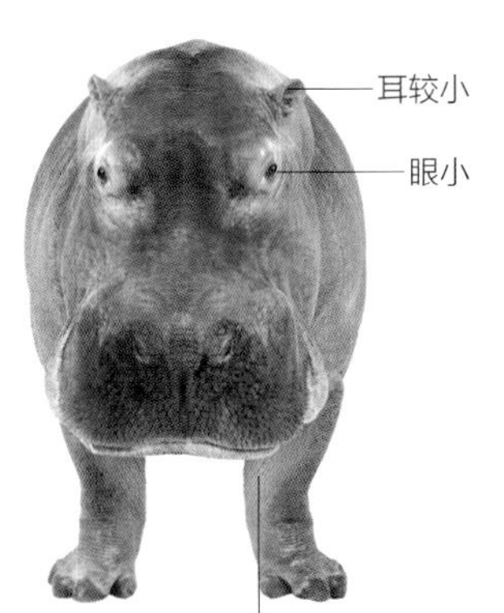

分布区域： 分布于非洲。

栖息环境： 通常生活在河流、湖泊、沼泽附近水草繁茂和有芦苇的地带，有些栖息地的海拔高度可以达到 2400 米。

生活习性： 河马为群居动物，通常成十多只的小群活动，有时也会成上百只大群，白天几乎全部时间待在水中，夜晚出来觅食。生活在淡水中，它们虽然也常在陆地上活动，但如果长时间离开水，皮肤会变得干燥，甚至出现干裂的现象。因此，它们几乎所有的白天时间都待在水里，用水来降低体温，并防止皮肤干裂。河马可在水里觅食、交配、产仔、哺乳等。它的皮肤还能分泌一种红色液体，这种液体不仅可以湿润皮肤、防晒，还可以防止蚊虫叮咬。河马虽然喜欢待在水里，但是它们不会游泳，只会潜水。受到惊吓的时候，它们会潜伏到水里躲藏一段时间。

饮食特性： 主要以水生植物为食，水草缺少时，也会捕食其他动物。

繁殖特点： 在水中交配、生产，没有固定的繁殖季节。每胎产一仔，幼仔刚出生 5 分钟就可以行走和潜水。

孕期：210~255 天 | 社群习性：群居 | 保护级别：易危 | 体形大小：体长 2~5 米，肩高约 1.5 米

虎鲸

又称逆戟鲸、杀人鲸
鲸目、海豚科、虎鲸属

虎鲸是体形最大的海豚，为国家二级保护动物。它们的身体呈纺锤形，表面光滑，皮下有很厚的脂肪，可以保存身体热量。虎鲸的身体为黑、白两色，身体背面为黑色，腹面大部分为白色。头部略圆，有不明显的喙，牙齿锋利，两眼后面各有一块梭形的白斑。雄虎鲸的背鳍高而直立，长可达 1.8 米。在背鳍后面有一马鞍形的灰白色斑，椭圆形的鳍肢位于身体的前 1/4 处。它们的尾叶宽超过体长的 1/5。

头部略圆，具有不明显的喙，没有突出的吻部
身体为黑、白两色
椭圆形的鳍肢位于身体的前 1/4 处，雄性的鳍肢长可达身体全长的 20%，雌性的达 11% ~ 13%
尾叶宽可超过身体全长的 1/5，尾叶腹面白色或浅灰色，可能具有黑色边缘

分布区域： 分布于全世界的海域，如地中海、鄂霍次克海、加利福尼亚湾、墨西哥湾、红海和波斯湾等。

栖息环境： 栖息在海洋区域，从赤道到极地，对水温或海洋深度没有严格的要求。

生活习性： 虎鲸为群居动物，有 2~3 只的小群，也有 40~50 只的大群。族群由雌性、雄性和未成年的虎鲸组成，群体成员之间经常保持接触。它们每天通常会漂浮在海面上 2~3 小时，这是因为它们肺部有足够的空气。性情凶猛，主要捕食企鹅、海豹等，甚至还会袭击其他鲸类，被誉为“海上霸王”。能发出 62 种代表不同含义的声音，有“语言大师”之称。会进行长途迁徙，能发出可以探测鱼群大小和方向的超声波，这使它们能够高效地捕食。

饮食特性： 以鱼类、鳍足类、鸟类、爬行类、头足类、海獭和其他鲸类为食。

繁殖特点： 全年都可以交配繁殖，多数交配行为发生在夏季，生产则多在秋季。哺乳期约 12 个月。每胎产一仔，雌性通常每 6~10 年繁殖一次。

背鳍的后面有一个马鞍形的灰白色斑
牙齿锋利，上、下颌每齿列有 10~12 枚圆锥形的齿
腹面大部分为白色

雄性背鳍高而直立，长可达 1.8 米
体背面为黑色
两眼的后面各有一块梭形的白斑

孕期：约 18 个月 | 社群习性：群居 | 保护级别：低危 | 体形大小：雄性平均体长 8 米，雌性平均体长 7 米

白鲸

又称贝鲁卡鲸、海上金丝雀
鲸目、一角鲸科、白鲸属

白鲸的躯体粗壮，为白色或淡黄色。躯体的表面皮肤粗糙，常有疤痕，可能还有褶皱与脂肪褶层。颈部可自由活动，能够点头和转头。尾鳍后缘为暗棕色，尾叶外突，随年龄增长会更加明显。白鲸头部较圆，额隆起、突出，喷气孔后面有轮廓清晰的褶皱。喙很短，唇线宽阔。它们的胸鳍比较宽阔，呈刮刀状。

头部较圆，且比例小，上有额隆，喷气孔后有轮廓清晰的褶皱

躯体表面常布满疤痕，可能还有褶皱与脂肪褶层

喙很短，唇线宽阔

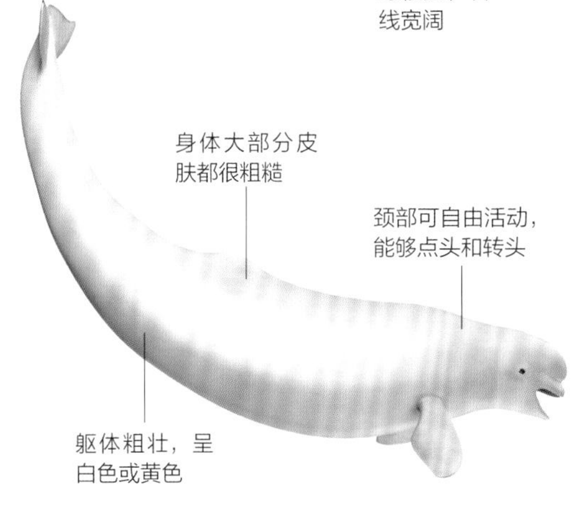

额头向外隆起，突出且圆滑

尾鳍后缘或呈暗棕色，尾叶外突随年龄增长愈加明显

胸鳍宽阔，呈刮刀状，活动自如

分布区域：主要分布于欧洲北部海域，美国的阿拉斯加以及加拿大以北的海域中。

栖息环境：栖息在北冰洋及附近海域。

生活习性：白鲸为群居动物，能集成数百上千头的大群。每年 7 月它们会从北极出发，开始夏季迁徙。白鲸一般生活在海面或接近海面的地方，但它们游泳的速度比较慢，海面起浪或有浮冰的时候就很难发现它们。能够发出几百种不同的声音，可谓是“口技”专家，这些声音通常用来表达感情和加强成员之间的联系。没有太多锋利的牙齿去咀嚼食物，一般是把整个食物吸入口中，所以捕食的猎物不宜太大，否则可能会被噎住。它们体态优雅，非常爱干净，若发现自己的皮肤变脏，它们会在水中不停翻身、打滚，几天以后，老皮就会蜕掉，换上白色整洁的新皮肤。

饮食特性：以胡瓜鱼、比目鱼、杜父鱼、鲑鱼和鳕鱼等为食，也食用无脊椎动物。

繁殖特点：繁殖季一般为 2 月末到 4 月初，也可能有胚胎延迟着床的现象。雌鲸分娩的时候会有护卫鲸群在四周巡视，分娩完成之后它们便会撤离。分娩的地方一般是水温在 10℃左右、靠近河流的水域。哺乳期为 1.5~2 年。

孕期：约 14 个月 | 社群习性：群居 | 保护级别：近危 | 体形大小：体长 3~5 米，体重 400~1500 千克

一角鲸

又称独角鲸、长枪鲸
鲸目、一角鲸科、一角鲸属

一角鲸虽然名为“一角鲸”，但其前伸的长尖角却并不是真正的角，而是牙齿，长可达 2.7 米，这也是一角鲸最突出的特征。一角鲸的背部散布有黑色斑点，腹部为白色。它们的头部小而圆，额隆起凸出，嘴部的前方呈小幅度上翘。胸鳍小而宽阔，较短，末端微往上弯，尾鳍后缘有如凸面镜般明显的凸出。

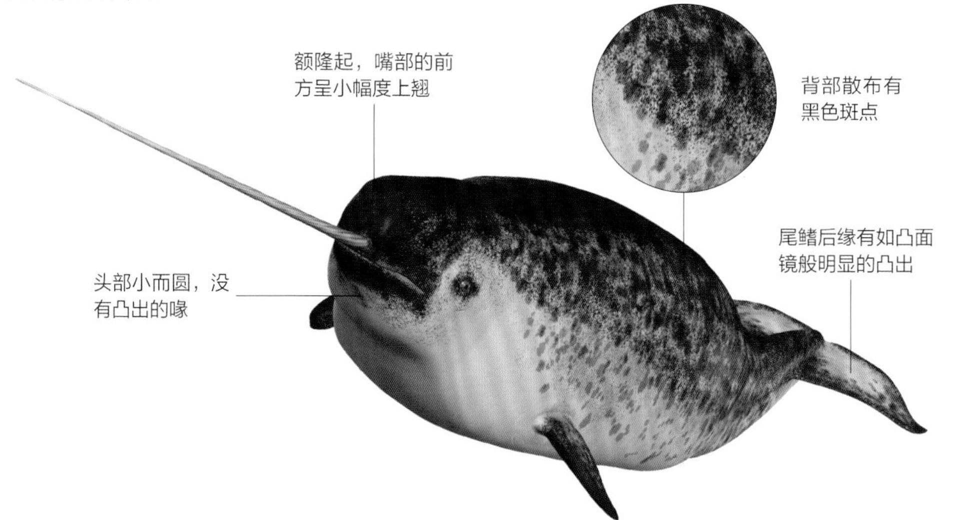

分布区域：分布于北极水域和北大西洋。

栖息环境：栖息在较寒冷的近北极海域。

生活习性：一角鲸为群居动物，甚至有成百上千只组成群体同游。通常会形成包括数百头鲸的大群。夏季，群体成员关系较为密切；冬季，则由于浮冰的大量存在，群体成员之间的联系较为松散。群体的社会地位与其长牙的长度有关。种群分布区域与迁移一般与北极地区的海冰分布区域有关。它们擅长潜水，可在海洋各层觅食，最深可下潜超过 1000 米，潜水时间达 20 分钟。没有功能性的牙齿，因此通常是将整个猎物吸入口中，然后吞下。

饮食特性：主要捕食远洋鱼类，特别是鳕鱼，还吃鱿鱼、虾以及底栖生物等。

繁殖特点：季节性繁殖，交配季为 3—5 月，次年 7—8 月产仔。生殖间隔期通常为 3 年，每胎产一仔。幼仔刚出生即可游动。

趣味小课堂：一角鲸的长牙会让人联想到独角兽，所以人们长久以来都相信它有医疗效果，甚至具有魔力。在中世纪，独角鲸长牙的价值最高，价格是相同重量黄金的 10 倍。据说英国伊丽莎白女王一世曾经收到过一根售价 1 万英镑的长牙，价值一座城堡。

孕期：约 15 个月 | 社群习性：群居 | 保护级别：无危 | 体形大小：体长 4~4.5 米，体重 800~1600 千克

抹香鲸

又称巨抹香鲸、卡切拉特鲸
鲸目、抹香鲸科、抹香鲸属

抹香鲸体形巨大，是体形最大的齿鲸。头部很大，占身体的1/3，尾部则很小，看起来就像一只大蝌蚪。抹香鲸的身体呈流线形，外表大致呈长方体。它们的前肢特化成鳍，前臂退化，掌部变长，趾数增加，但从外部看不出趾和爪。尾似鱼，有水平尾鳍，游泳靠尾鳍推动。尾鳍呈三角形，边缘笔直。抹香鲸的背面为深灰至暗黑色，在阳光下为棕褐色。腹部为银灰色且略发白，侧腹部通常有不规则白色区块。

尾鳍呈三角形，边缘笔直

有两个鼻孔，但只有左侧鼻孔畅通，右侧鼻孔天生阻塞

与巨大的头部相比，身躯显得娇小

头部巨大，占身体的 1/3

背部皮肤呈深灰至暗黑色，腹部皮肤呈银灰色

下颌较小，且仅下颌生有牙齿

胸鳍短而宽阔，尖端浑圆

分布区域： 分布于全世界不结冰的海域，由赤道一直到两极都能发现它们的踪迹。

栖息环境： 栖息在南、北纬 70° 之间的海域，其中以资源丰富的深海海域为主。

生活习性： 抹香鲸为群居动物，群体数量在数十头以上，每年会因为繁殖及觅食活动进行南北洄游。游泳速度很快，也很擅长潜水，可潜至 2200 米处深海，并能在水下待 2 小时之久，是潜水最深、潜水时间最长的哺乳动物。它们在哺乳动物中体温偏低，其平均体温为 35.5℃。它们有很厚的皮下脂肪层，平均厚 13~18 厘米，可适应海水的温度变化，是一层天然保温屏障。

饮食特性： 主要捕食大型乌贼、章鱼、鱼类等。

繁殖特点： 繁殖地一般在热带与亚热带海域，繁殖活动大多发生在春季。北半球的交配期可能为 1—7 月，南半球的在 8—12 月。每胎仅产一仔。哺乳期至少 2 年。繁殖速度缓慢，雌鲸到 9 岁才性成熟，每 4~6 年才怀胎一次。

趣味小课堂： 抹香鲸会把巨乌贼一口吞下，但消化不了其石灰质内壳，这些内壳在抹香鲸的小肠里渐渐形成一种蜡状的深色物质，呈块状，这种物质就是“龙涎香”。龙涎香被储存在抹香鲸的结肠和直肠内，刚取出的时候非常难闻，放置一段时间便会发出香味，胜似麝香。

孕期：12~18 个月 | 社群习性：群居 | 保护级别：易危 | 体形大小：雄性体长 11~20 米，雌性体长 8.2~18 米

灰鲸

又称克鲸、掘贝者、弱鲸
鲸目、灰鲸科、灰鲸属

灰鲸因身体颜色整体偏灰而得名，为国家二级保护动物。灰鲸的身体呈纺锤形，躯干粗胖，头长约为体长的 1/5，头后腹侧有一对较小的鳍肢，宽而短，呈桨状，梢端尖。躯干在鳍肢附近最粗，背脊上有 8~15 个低的峰状突，第一个峰状突最大，越靠近尾部越小。尾叶宽大，后缘呈平滑的“S”形。尾部逐渐变细。灰鲸的幼鲸为黑灰色，成年后则变为褐灰色至浅灰色，且密布浅色斑。这些斑块多是被岩石擦伤以及鲸虱和藤壶等寄生动物附着后留下的伤疤，呈白色至橙黄色，这也成了灰鲸的特征之一。

分布区域：分布于北太平洋、北大西洋等温带海域，包括加拿大、墨西哥、俄罗斯、美国、中国、日本、朝鲜、韩国等国家的海域。

栖息环境：栖息在温带海域。

生活习性：灰鲸为群居动物，是哺乳类中迁徙距离最长的动物，最长可达 22000 千米。它们擅长潜水，潜水深度约为 100 米，可在水下前进约 1000 米，持续时间一般为 17~18 分钟。一些灰鲸喜欢发出一种“哼哼”声，每小时大约发出 50 次，每次用时 2 秒，频率为 20~200 赫兹，像是在叹息或小声嘟囔。

饮食特性：主要以浮游性小甲壳类、鲱鱼的卵以及其他群游鱼类为食。

繁殖特点：灰鲸在 1—2 月交配，大约每隔一年繁殖一次。每胎产一仔，是唯一在浅海繁殖的须鲸。雄鲸对于雌鲸、雌鲸对幼仔的眷恋性很强，但雌鲸并不眷恋雄鲸。

孕期：约 12 个月 | 社群习性：群居 | 保护级别：极危或无危 | 体形大小：体长 10~15 米，体重 30~35 吨

蓝鲸

又称剃刀鲸
鲸目、须鲸科、须鲸属

蓝鲸是地球上现存最大的动物，但由于它们是海洋动物，所以不需要为支撑巨大身体而费力。蓝鲸身躯庞大，身体呈似剃刀的流线形，因此又被称为“剃刀鲸”。蓝鲸体色为淡蓝色或鼠灰色，背部有淡色斑纹。它们的背鳍特别短小，高约 0.4 米，其长度不及体长的 1.5%，位于身体后部的 1/4 处。腹部布满褶皱，长达脐部，并带有赭石色的斑块。蓝鲸的尾鳍宽阔而扁平。

身体呈淡蓝色或鼠灰色

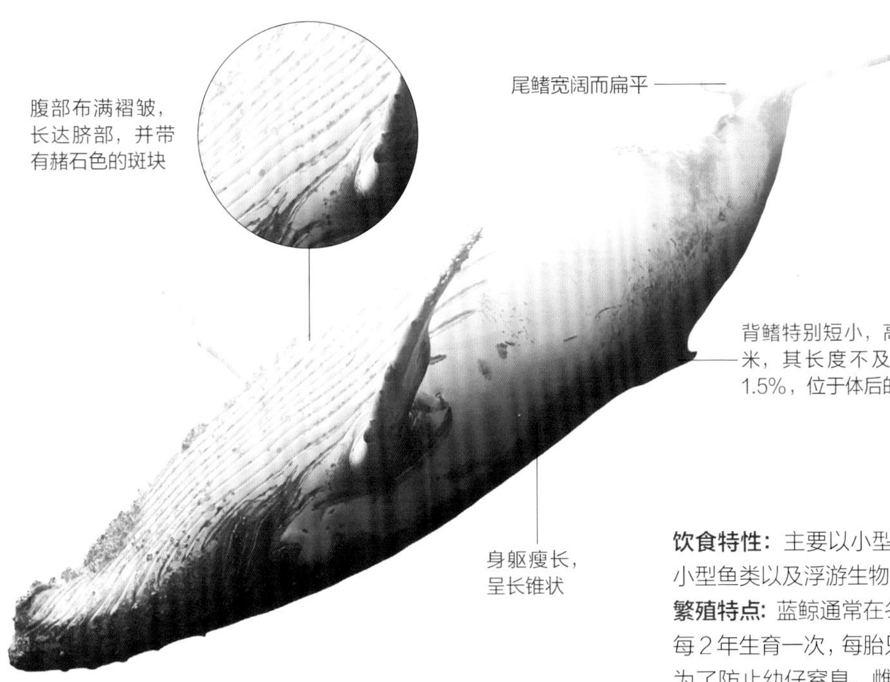

分布区域： 全球四大洋均有分布，但以南极海域数量最多。

栖息环境： 栖息在温暖海水与冰冷海水的交汇处。

生活习性： 蓝鲸为群居或单独活动的动物，一般很少结为群体，或者仅 2~3 只一起活动。成对活动的蓝鲸之间比较和谐，形影不离。它们拥有巨大的力量，前进时功率相当于一辆中型火车头的功率，在动物界中无可匹敌。它们通常白天在水下觅食，可下潜至水下 100 米，夜晚再到水面上来。肺容量比较大，每隔 10~15 分钟会露出水面呼吸一次。蓝鲸之间使用一种低频率的声音来相互联络，这种声音有时能超过 180 分贝，比喷气式飞机起飞时发出的声音还大。

饮食特性： 主要以小型甲壳类、小型鱼类以及浮游生物为食。

繁殖特点： 蓝鲸通常在冬季繁殖，每 2 年生育一次，每胎只产一仔。为了防止幼仔窒息，雌鲸会把幼仔托出水面来呼吸第一口空气，之后它们就可以自己呼吸了。

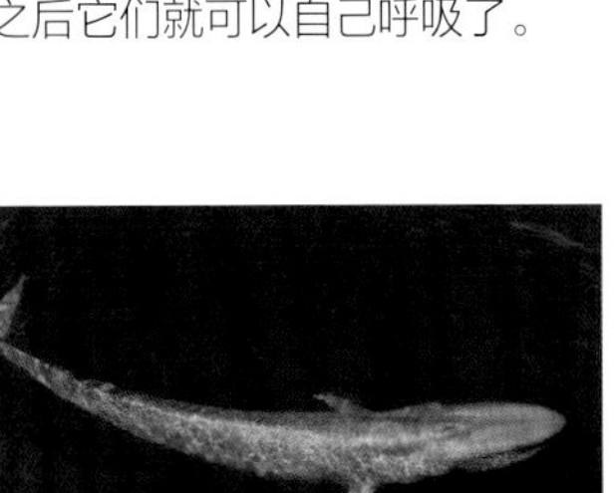

孕期：10~12 个月 | 社群习性：独居或群居 | 保护级别：濒危 | 体形大小：体长 24~34 米，体重 150~200 吨

座头鲸

又称大翅鲸、驼背鲸、巨臂鲸、锯臂鲸
鲸目、须鲸科、座头鲸属

座头鲸是国家一级保护动物，身躯庞大，体态臃肿。它们的名字来源于日文，有“琵琶”的意思，主要是指其背部形状像琵琶。它们经常挥着超长的胸鳍跃出水面，姿势优美。座头鲸的头相对较小，扁而平。吻部宽，边缘有20~30个肿瘤状突起，每个突起上都长有一根毛。尾鳍宽大，外缘呈不规则钳齿状。座头鲸身体的背面和胸鳍通常为黑色，也有个体为白色，上有斑纹，腹面为白色。

分布区域：分布于世界各大洋。在中国，分布于黄海、东海、南海，黄海北部较少，台湾南部海域较多。

栖息环境：栖息在世界各主要海域。

吻部宽，边缘有20~30个肿瘤状突起，每个突起上都长有一根毛

生活习性：座头鲸为群居动物，通常成对活动，同伴之间眷恋性较强，群体之间通过相互触摸来表达情感。性情温顺，叫声复杂。它们的游速较慢，时速为8~15千米，夏季常到冷水海域觅食，冬季则回到温水海域繁殖。嬉水本领高超，会先在水下快速游动，然后突然破水而出，再缓慢垂直上升，当鳍状肢到达水面之后，身体便向后徐徐弯曲，就像杂技里面的后滚翻动作。由于其食道直径太小，因此主要以磷虾或小鱼为食，不能吞食较大的食物。

饮食特性：以小甲壳类和群游性小型鱼类为食，以磷虾为主食。

繁殖特点：一夫一妻制，每2年生育一次，孕期约为10个月，每胎产一仔。幼仔发育很快，每天体重可以增长40~50千克。雌鲸在哺乳期为幼仔提供所有营养，但自己却很长时间不吃东西，几个月之后才开始进食。

孕期：约10个月 | 社群习性：群居 | 保护级别：无危 | 体形大小：体长12~15米，体重25~35吨

中华白海豚

鲸目、海豚科、白海豚属

中华白海豚是国家一级保护动物，它们的身体较粗壮，为纺锤形，成年个体皮肤呈乳白或象牙色，背部散布灰黑色小斑点。中华白海豚的喙狭长突出，眼睛位于头部两侧，较小，眼球为黑色。背鳍突出，形状近似三角形；胸鳍基部较宽；尾鳍水平状，从中间分为左右对称的两叶。

分布区域： 主要分布于西太平洋、印度洋海域，常见于中国东南部沿海地区。

栖息环境： 常栖息于河口处咸淡水交汇水域，如红树林水道、海湾、热带河流三角洲或沿岸的咸水中。

生活习性： 中华白海豚一般不聚集成大群活动，它们或单独活动，或 3~5 只组队活动。除母豚及其幼豚，群组成员不固定，成员流动性很强。中华白海豚的性格比较活泼，风平浪静的时候，它们常常成群结队在水面跳跃嬉戏。它们的游泳速度非常快，时速最高可超过 22 千米。它们的视力比较差，主要靠回声定位系统来识别物体、辨别方向。

饮食特性： 主要食物是生活于河口的中小型咸淡水鱼类，如狮头鱼、石首鱼、大黄鱼等。

繁殖特点： 中华白海豚于每年的 6—7 月交配，于第二年的 3—4 月生产，每胎产一仔。

成年个体因皮下血管所致，全身常呈粉红色

尾鳍水平状，中间的缺刻将尾鳍分为左右对称的两叶

喙突出，尖且狭长

孕期： 10~11 个月 | **社群习性：** 群居 | **保护级别：** 易危 | **体形大小：** 体长 200~250 厘米，体重 200~250 千克

海象

食肉目、海象科、海象属

海象是除鲸类外最大的海洋哺乳动物，身体粗壮而肥胖，呈圆筒形，体形庞大，长着两枚长长的牙。海象头部扁平，上唇周围有一圈长且硬的钢髯。触觉比较灵敏，颈部有气囊，可以使头部露出水面呼吸。前肢较长，后肢可以向前方折曲，支撑身体。海象的尾巴很短，藏在臀部后面的皮肤中。海象的皮肤厚且多皱，体表裸露，通常为灰褐色或黄褐色。

分布区域： 分布区域以北冰洋为中心，也包括大西洋和太平洋最北部的海域。

栖息环境： 主要栖息在北极或近北极的海域。

生活习性： 海象为群居动物，在海洋、海岸及浮冰上生活。视力较差，嗅觉和听觉较敏锐。在睡觉的时候，会有一只海象放哨，发现有危险时，它便立即发出吼声将同伴唤醒。其长而尖的獠牙既可以做防卫武器，又可以做挖掘蚌蛤、虾蟹等的工具，还可以支撑身体。

饮食特性： 主要以瓣鳃类软体动物为食，也捕食乌贼、虾、蟹和蠕虫等。

繁殖特点： 雌兽每 3 年产 1 胎，每胎仅产一仔。哺乳期长达 18~24 个月。

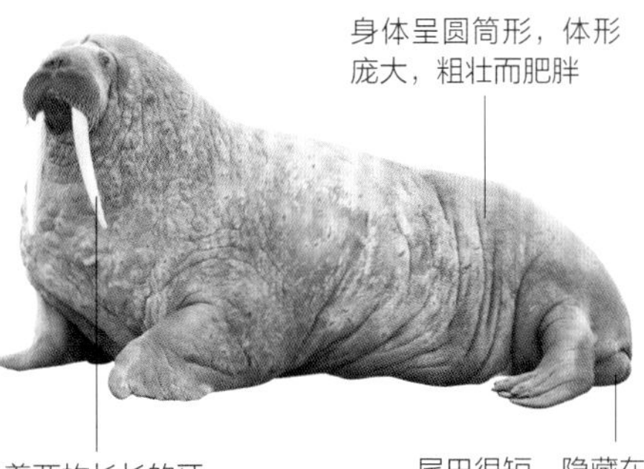

身体呈圆筒形，体形庞大，粗壮而肥胖

长着两枚长长的牙

尾巴很短，隐藏在臀部后面的皮肤中

孕期： 11~13 个月 | **社群习性：** 群居 | **保护级别：** 易危 | **体形大小：** 雄性体长 3.3~4.5 米，雌性体长 2.9~3.3 米

长须鲸

又称长箦鲸、鳍鲸、长绩鲸
鲸目、须鲸科、须鲸属

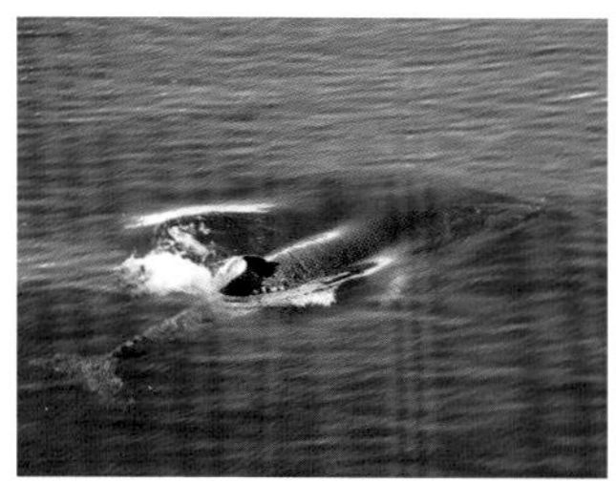

长须鲸是国家二级保护动物。长须鲸体形巨大，身体呈纺锤形。头长约为体长的1/5，眼睛较小，位于口角后上方。身体后部有一个背鳍，胸鳍比较小，尾鳍较宽。喉胸部有很多条褶沟。长须鲸背面为青灰色，腹部为白色，头后方有灰白色的“人”字纹。

分布区域：分布广泛，从极地到热带海域均有发现。

栖息环境：栖息在多数海域。

生活习性：长须鲸为群居动物，夏季洄游到冷水海域，冬季到温暖海域繁殖。游速较快，其时速可达 37 千米，最高为 40 千米，被誉为“深海格雷伊猎犬”。它们的进食极具特色，先以时速 11 千米的速度高速前进，吞下约 70 立方米的海水，然后闭上嘴巴，海水从鲸须吐出，鱼虾等则成为长须鲸的食物。善潜水，可在水下 250 米处待 10~15 分钟。由于它们的喷气孔较窄，在水面呼吸时，喷出的气体及液体可达 6 米之高。

饮食特性：主要以磷虾、糠虾、桡足类等小型甲壳动物为食。

繁殖特点：雌鲸2~3年生产一次。雌鲸通常每胎只产一只幼鲸，世界纪录是一次产 6 仔。雌鲸会在冬天交配，需要在纬度低的海域繁殖。

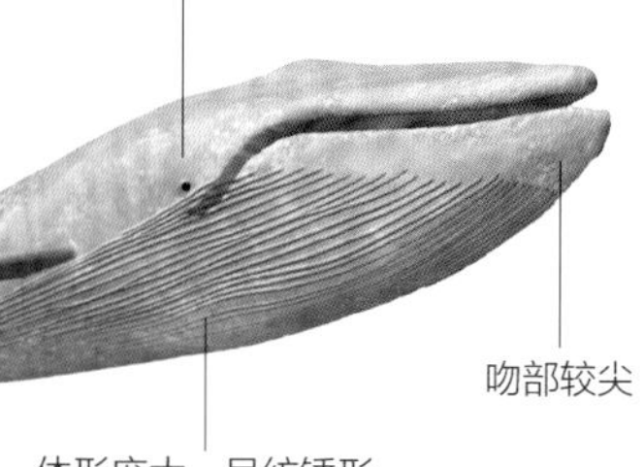

孕期：约 11 个月 | 社群习性：群居 | 保护级别：濒危 | 体形大小：体长 19~25 米，体重 45~75 吨

北美水貂

食肉目、鼬科、鼬属

北美水貂是小型珍贵毛皮动物，四肢粗壮，前肢比后肢略短，指、趾间有蹼。耳呈半圆形，不能摆动。皮毛为深棕色，质地细腻且柔软，皮肤轻薄且弹性十足，可用来制作高级毛皮制品，所以很多偷猎者为了牟取暴利，大肆捕杀，导致野生北美水貂数量急剧减少，已濒临灭绝。

分布区域：分布于北美洲。

栖息环境：主要栖息在河流和小溪沿岸。

生活习性：北美水貂为独居动物，善游泳、嬉水，半水栖。性情凶猛，行动敏捷，听觉和嗅觉都很灵敏，常用偷袭的方式在夜间猎食。在近水源且有草丛或树丛处建造洞穴，洞口一般在隐蔽处，洞长约 1.5 米，内铺有羽毛和干草。

饮食特性：喜食小型啮齿类、鸟类、两栖类、鱼类以及鸟卵和某些昆虫等。

繁殖特点：北美水貂通常在 3—4 月产仔。每年仅产一胎，每胎通常产 4~5 仔。

孕期：约 50 天 | 社群习性：独居 | 保护级别：濒危 | 体形大小：体长 30~53 厘米，体重约 1.62 千克

黑露脊鲸

又称瘤头鲸、黑真鲸、比斯开鲸、直背鲸

鲸目、露脊鲸科、真露脊鲸属

黑露脊鲸是国家二级保护动物。体形肥大短粗，头长约为体长的 1/4，上颌细长且向下弯曲，呈拱状，下颌两侧向上突出。在上颌的前端顶部有一个椭圆形角质瘤，呼吸孔前方和上下颌两侧也各有一列小的角质瘤。黑露脊鲸的口中两侧各有 200~300 个鲸须板，约 2 米长，为黑色。黑露脊鲸没有背鳍，尾鳍较宽。它们的体表光滑无毛，腹部平滑无褶沟。背部为黑色，腹部颜色较淡，并有不规则的白斑。鳍肢和尾鳍上下都是黑色。

分布区域： 分布于太平洋、大西洋等海域。在中国，分布于南海、东海和黄海海域。

栖息环境： 一般栖息在高纬度的觅食场地，冬天则迁徙至相对低纬度的温带地区。

生活习性： 黑露脊鲸独居或成 2~3 只的小群活动，游泳的速度比较慢，最高时速仅为 9 千米左右。在潜水的时候，它们会把尾鳍举出水面。游泳技术高超，经常会跃出海面，用尾鳍拍打海面。遇到危险的时候，一群黑露脊鲸会围成一圈，尾鳍朝外，以此威慑敌人。

饮食特性： 主要以小型甲壳动物为食。

繁殖特点： 每 3~5 年生产一次。哺乳期为 8~12 个月。

孕期：约 12 个月 | 社群习性：独居或成小群 | 保护级别：濒危 | 体形大小：雄性体长 14~15 米，雌性体长 13~15 米

塞鲸

又称鳁鲸、北须鲸、大须鲸、鳕鲸

鲸目、须鲸科、须鲸属

塞鲸体形修长，呈流线形。它们的头部长度约为体长的 1/4，背鳍位置在小于 2/3 体长处。鳍肢尖而较小，尾叶相对也较小。塞鲸的体色为暗灰色，背部到体侧略带蓝色。它们的身体上有小的浅色疤痕，使体表看起来像电镀过的金属色，腹褶区通常有一白色斑。鳍肢和身体颜色相同或略淡，上颌每侧有 300~400 块鲸须板，为暗灰色，须毛较细。

分布区域： 分布于阿根廷、澳大利亚、百慕大群岛、巴西、加拿大、英国、美国、乌拉圭附近海域。

栖息环境： 从热带到极地海域均可见到，更多出现在中纬度的温带海域。

生活习性： 塞鲸单独或成对活动，游泳速度较快，一般潜水不深，出水的时候其呼吸孔和背鳍通常是同时露出水面。喷潮高约 3 米，间隔 20~30 秒，多次喷潮之后会有一次 15 分钟或以上的潜水。进食方式为滤取性采食，会迎向食饵张口直接吞噬。

饮食特性： 主要以桡足类、磷虾为食。

繁殖特点： 冬季在低纬度海域产仔，哺乳期超过 6 个月。

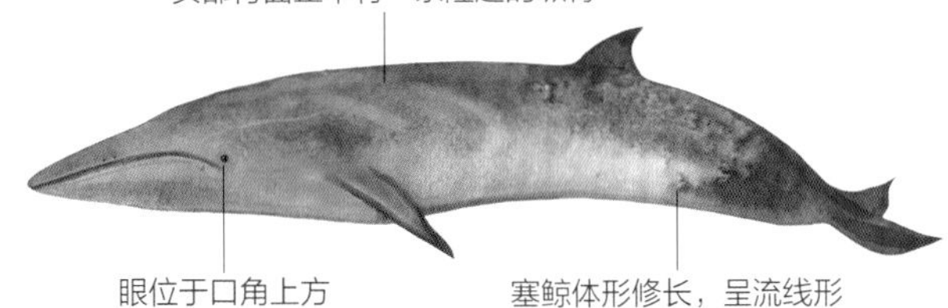

孕期：约 10.5 个月 | 社群习性：独居或成对 | 保护级别：濒危 | 体形大小：体长 15~20 米

弓头鲸

又称北极鲸、格陵兰露脊鲸、巨极地鲸、北露脊鲸
鲸目、露脊鲸科、露脊鲸属

弓头鲸的弓状头颅巨大而独特，它们也因此而得名。弓头鲸的体形大而短胖，雌性体形比雄性大。鲸脂极厚，是脂肪层最厚的动物，其脂肪层的厚度可达 40 厘米。头部约为体长的 1/3，背部没有背鳍隆突或脊，较为浑圆。它们的胸鳍宽大，呈桨状，尾鳍宽度几乎为体长的一半。弓头鲸的皮肤光滑，体色为深色，主要为黑色、蓝黑色、暗灰色或深褐色，有些个体会有大片灰色斑块。

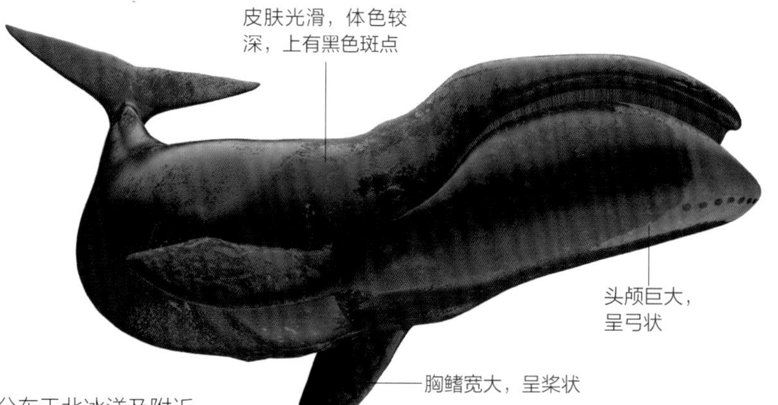

分布区域：分布于北冰洋及附近海域。

栖息环境：生活在极地地区，通常发现于北半球的寒冷水域，它们的居住地会随着浮冰的漂移而改变。夏天的时候也会在海湾、海峡和河口生活。

生活习性：弓头鲸独居或成小群活动，游泳速度比较缓慢。通常在海面浮游 2~3 分钟，喷气 5 次左右。可能潜行到水深 200 米处，在水中逗留的时间最长为 40 分钟。偶尔会跃起身用尾鳍击浪，用胸鳍拍水，身体前部垂直跃出水面，后部一般会留在水中，最后整个身体侧向一边倒入水中，这种行为一般会连续多次进行。大部分的跃身击浪行为出现在春季迁徙的时候。

饮食特性：主要以磷虾和浮游动物为食。

繁殖特点：交配期在每年 3—8 月，5 月是生产高峰期。雌鲸每 3~4 年会产一头幼鲸。

种群现状：弓头鲸因其脂肪、肉、油、骨和鲸须而被人类大肆捕猎，它们和露脊鲸都泳速缓慢，且死后都可以漂浮在水中，所以成为人类捕猎的首选。北太平洋的捕鲸活动始于 19 世纪中期，人类只花了 20 年的时间就捕杀了约 60% 的弓头鲸。同时，北极地区的石油和天然气的勘探和开采以及环境威胁，都可能影响弓头鲸的生存。

孕期：约 12 个月 | 社群习性：独居或成小群 | 保护级别：无危 | 体形大小：体长约 21 米，体重约 190 吨

小鳁鲸

又称小须鲸、尖嘴鲸
鲸目、须鲸科、须鲸属

小鳁鲸是国家一级保护动物。体形细长，呈纺锤形，背鳍在肛门垂直线的前方。头骨背面看起像等腰三角形。脊椎骨为48~50个，颈椎为7个，各自分离，腰椎以及尾椎数量有差异。小鳁鲸的背部为黑色或黑灰色，腹部和鳍肢上面为白色，体侧为灰色。鳍肢两端为黑色，中间有一白色横带，尾鳍下方部位为蓝铁灰色。须板为白色或黄色，鲸须前面为黄白色，后面为灰或黑褐色。

分布区域：分布于南极水域及北大西洋、北太平洋、北冰洋，在热带地区较少见。

栖息环境：常在海岸边栖息。

生活习性：小鳁鲸为独居动物，呼吸喷出的雾柱细且稀薄，高达1.5~2米。每回露出水面呼吸2~4次，每次间隔3~4秒。潜水时间较短，隔2~4分钟便会露出水面呼吸。受到惊吓的时候潜水游行距离较短，大约有40米，潜游方向不定。冬春季通常会游向低纬度水域，夏秋季则会因索饵北上到达高纬度水域。

饮食特性：主要以太平洋磷虾和小型鱼类为食。

繁殖特点：通常6月以后有雌雄鲸伴游现象，交配期多在7—9月。孕期为10~11个月。每胎通常产一仔。

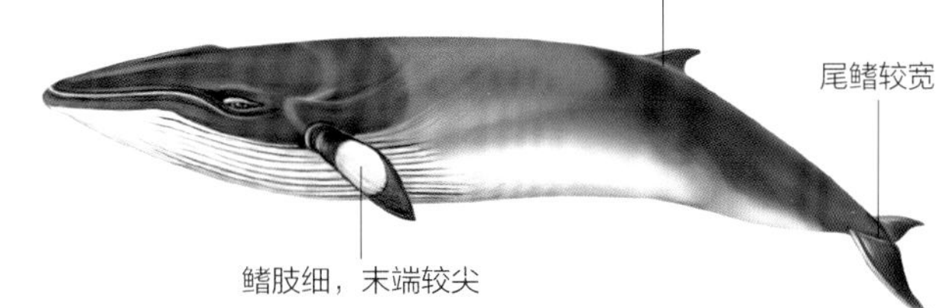

孕期：10~11个月 | **社群习性：**独居 | **保护级别：**无危 | **体形大小：**体长最大不超过10米

白喙斑纹海豚

又称白鼻海豚、白喙小海豚、猎乌贼海豚
鲸目、海豚科、斑纹海豚属

白喙斑纹海豚体形大而粗壮，身上颜色为白、灰及黑色相间，体侧有白色条纹。它们的背鳍在身体中部，呈镰刀状，背鳍后有明显的灰白斑纹。它们的喙短且厚，颜色为白、棕或灰色。胸鳍、背鳍以及尾鳍都为深色，腹部为白色或浅灰色。其尾柄有淡色部位。

分布区域：主要分布于巴伦支海、波罗的海，以及戴维斯海峡和科德角海域。

栖息环境：喜欢生活在寒冷水域，习惯在深水区游弋。

生活习性：白喙斑纹海豚为群居动物，常组成2~35头的群，甚至经常和长须鲸等其他鲸鱼一起出游。快速游泳的时候，常会把身体暂时跃离水面来呼吸。春夏季会向北迁徙到戴维斯海峡，秋季会返回北海一带，越冬的时候会去更南边的科德角。

饮食特性：主要以鲱鱼和鳕鱼为食，也吃鱿鱼、章鱼以及底栖甲壳类动物。

繁殖特点：一般在6月和9月生产。刚出生的幼仔长约1.15米，重约40千克。

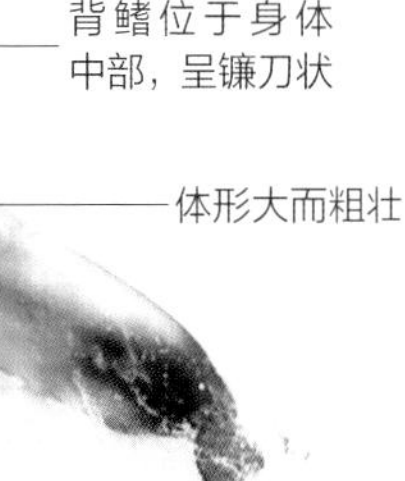

孕期：12~18个月 | **社群习性：**群居 | **保护级别：**无危 | **体形大小：**体长2.5~2.8米，体重180~275千克

糙齿海豚

又称纹齿长吻海豚、皱齿海豚
鲸目、海豚科、斑纹海豚属

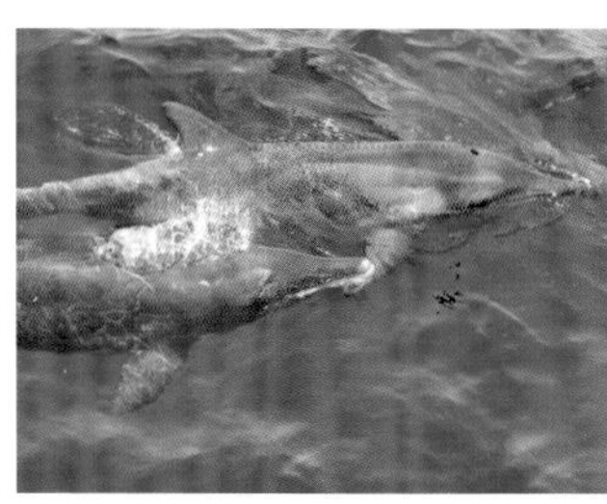

糙齿海豚身体比较粗壮，体形呈纺锤形，背鳍处最为粗壮。它们的背鳍较高，呈三角形，后缘略凹。鳍肢很长，具有5趾。糙齿海豚的上下颌每侧都有20~27枚牙齿，牙齿表面有纵行的皱褶，所以得名“糙齿海豚”。其皮肤大部分为炭灰色或黑色，腹部有不规则白斑，体表还有白色、淡红色、象牙色的斑点。

分布区域： 分布于大西洋、印度洋、东南太平洋的热带至暖温带海域，有时也进入较冷的海域。

栖息环境： 常出现于温带海域，糙齿海豚在浅海和深海都能生存，但更喜欢水深超过1500米的深海。

生活习性： 糙齿海豚为群居动物，通常成10~30头的小群活动，偶尔会和宽吻海豚等混群游动。常见的行为是巡游、社交、觅食、休眠以及绕圈。善于潜水，可以在水下停留15分钟。游速较快，在水面逐波的时候背鳍清晰可见，可以做水上“冲浪”和船首乘浪等动作。它们会在受伤的海豚下面游动，帮助受伤的海豚浮出水面呼吸。

饮食特性： 以头足类动物和大型鱼类为食。

繁殖特点： 刚出生的幼仔，体长1~1.3米。出生3天内，母豚在水下抚育幼仔，之后一直伴随其左右。

背鳍较高，呈三角形，后缘略凹

身体比较粗壮，呈纺锤形

头呈圆锥形，吻突较长

孕期：12~18个月 | 社群习性：群居 | 保护级别：无危 | 体形大小：体长223~275厘米

领航鲸

又称大西洋领航鲸、黑圆头鲸
鲸目、海豚科、领航鲸属

领航鲸的前额较圆，额部隆起并凸出。头和躯干的界限不明显，头显得比较大。它们的吻部很短，没有明显吻突。牙齿较少，上下颌每侧有7~9枚牙齿。领航鲸的颈部较短，鳍肢就像长在颈部一样。背鳍较小，位于身体的前1/3处，宽度大于高度。尾鳍不大。领航鲸的身体大部分为黑色，腹部颜色略淡，鳍肢基部之间有“十”字形或锚形白斑。它们的喷气孔短而宽。

分布区域： 分布于太平洋、印度洋、大西洋等热带、温带海域，很少会在寒冷的海域活动。

栖息环境： 主要生活在温带海域。

生活习性： 领航鲸为群居动物，通常成十只以上的群活动，有时甚至达数百只。性情胆小，有群游的习性。捕鲸者会利用这两点进行捕猎，先射伤群中几只，被射中的会负痛狂游，其他成员也会随它们猛冲猛撞，有时甚至会冲到浅水处，导致集体搁浅。

饮食特性： 主要以各种鱼类和乌贼等为食。

繁殖特点： 每隔3~5年生育一次，每胎产一仔。哺育期甚至可达22个月。雄性在发情期会为争夺雌性而争斗。

孕期：约15个月 | 社群习性：群居 | 保护级别：濒危 | 体长5~7米，体重约3.6吨

加州海狮

又称加利福尼亚海狮
食肉目、海狮科、毛皮海狮属

加州海狮头部上外廓为直线形，头骨呈凸形，吻端较圆，外耳壳较小。加州海狮会将前肢当作滑桨支撑前进，后肢则拖在身后。成年的雄性颈部有扩大的鬃毛，一般背部为深棕色，腹部和侧面颜色较浅。雌性看起来为棕褐色。

分布区域：分布于美国、墨西哥和加拿大。
栖息环境：通常栖息在太平洋海岸的开放水域、沙滩和岩石区域。
生活习性：加州海狮为群居动物，通常成小群活动。白天在海里游动，晚上会到岸上睡觉。听觉和嗅觉特别好，潜水时间通常为 2 分钟，也可以持续长达 10 分钟，潜水最深可达 200 米。
饮食特性：以乌贼和鲱鱼等各种水生动物为食。
繁殖特点：繁殖季从 5 月开始，成年雄性在此期间开始争夺领地，并发生争斗。雌性在次年 5—6 月生下小海狮，分娩 28 天之后可以准备再次交配。
种群现状：加州海狮面临的主要生存问题是渔网缠扰、海洋废弃物以及偷猎导致的死亡率上升。在厄尔尼诺现象期间，加州海狮的食物大大减少，此期间出生的幼仔大多死于饥饿，其他年龄段的个体也因饥饿变得虚弱。

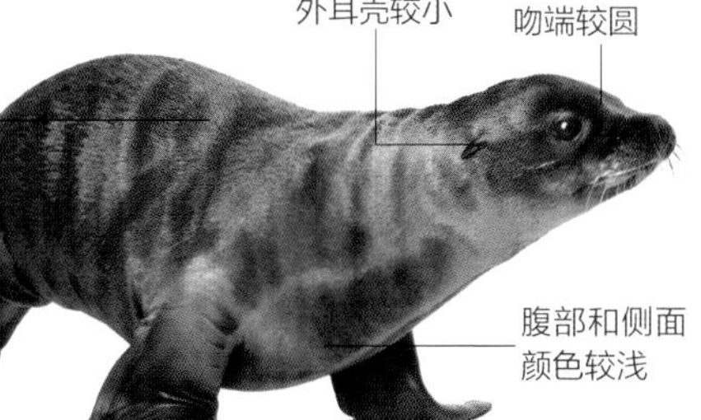

孕期：约 12 个月 | 社群习性：群居 | 保护级别：无危 | 体形大小：雄性体长约 2.4 米，雌性体长约 1.7 米

喙鲸

鲸目、喙鲸科、喙鲸属

喙鲸是一种在深海生活的鲸类，平常很难见到，人类对其了解较少。喙鲸的喙部明显凸出，牙齿通常比较退化。在其喉咙部位有一对“V”形的深沟，被称为“喉腹折”。它们的尾鳍比较大，中央通常没有凹刻。成年雄鲸的身体上经常会有细长的伤痕，这些伤痕在身体上呈“十”字形交叉分布。

分布区域：分布于温带到热带的各大海域。
栖息环境：多栖息在较为温暖的海域。
生活习性：喙鲸为独居或群居动物，一般生活在深海，是深海的潜水者，不喜欢到海面上活动，一般发现它们的活动深度至少有 300 米深。
饮食特性：大部分喙鲸以海洋中层或深海中的枪乌贼以及深海鱼类为食。

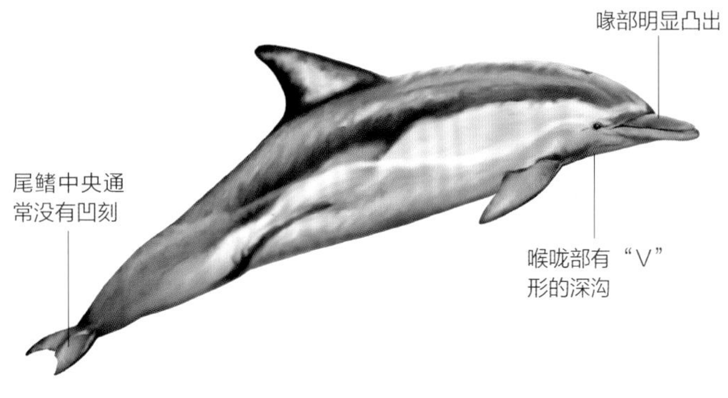

孕期：未知 | 社群习性：独居或群居 | 保护级别：未知 | 体形大小：体长 4.5 米以上，体重 1.5 吨以上

儒艮

又称人鱼、美人鱼、南海牛
海牛目、儒艮科、儒艮属

儒艮是国家一级保护动物。身体呈纺锤形，头部较小，没有明显的颈部。儒艮的上嘴唇为马蹄形，吻端突出且有刚毛。头顶前端有两个近似圆形的呼吸孔，没有外耳郭，耳孔位于眼后。儒艮没有背鳍，它们的鳍肢为椭圆形。尾鳍较宽大，两侧扁平对称，后缘为新月形，没有缺刻。儒艮的皮肤光滑，有稀疏的毛。背部主要为深灰色，腹部颜色略淡。

耳小，无耳郭

鳍肢呈桨状，没有趾甲

身体呈纺锤形

头部较小，没有明显的颈部

背部主要为深灰色

尾鳍水平位，较宽大，后缘为新月形，没有缺刻

吻部向下弯曲，前端特化成一个具有短密刚毛的吻盘，呈马蹄形

腹部颜色略淡

分布区域：主要分布于西太平洋和印度洋，在中国分布于广东、广西、海南和台湾南部沿海。

栖息环境：栖息在热带浅海中，多在距海岸 20 米的海草丛中出没。

生活习性：儒艮为群居动物，会组成小群体活动。生活在隐蔽的海草区底部，会定期浮出水面呼吸。生性害羞，稍稍受到惊吓，便会立即逃跑，但不会远离海岸。行动速度不快，每小时能游 3.5 千米左右。通常每 1~2 分钟会浮出水面一次，有时会潜水达 8 分钟以上。视力差，但听觉灵敏。平日常处于昏睡状态，吃饱之后会不时出水换气，还喜欢潜入 30~40 米深的海底。对海水温度有要求，不去冷海。水温低于 15℃时，儒艮易染肺炎，甚至因此死亡。

饮食特性：仅食海床底部生长的植物，以海生植物的根、茎、叶和部分藻类等为食。

繁殖特点：繁殖期，一头雌性儒艮通常会被几头雄性追逐，然后交配。每胎产一仔。两次产仔的间隔期为 3~7 年。刚出生的幼仔体长为 1~1.5 米，重约 20 千克。哺乳期 18 个月左右。

孕期：约 13 个月 | 社群习性：群居 | 保护级别：濒危 | 体形大小：体长 2.5~4 米，体重 300~500 千克